◆ 大理苍山

◆ 大理西湖

◆ 大理苍山

◆ 大理苍山

◆ 大理

◆ 虎跳峡

◆ 泉州

◆ 虎跳峡

◆ 大围山

◆ 林中栈道

◆ 大围山

◆ 大围山

◆ 林中栈道

◆ 大围山保护区休息亭

◆ 泸沽湖

◆ 虎跳峡

◆ 武夷山

◆ 武夷山

◆ 桂林漓江

◆ 桂林漓江

◆ 金沙江畔的太子关

◆ 涠洲岛

◆ 台湾

◆ 泉州

◆ 瑞士

◆ 瑞士

◆ 日本

◆ 呼伦贝尔草原

普通高等教育"十二五"规划教材·风景园林系列

风景区规划

许耘红　马　聪　编著

化学工业出版社

·北京·

内 容 简 介

本书以国家建设部颁布的《风景名胜区规划规范》(GB 50298—1999)[现已更新为《风景名胜区总体规划标准》(GB/T 50298—2018)]为依据进行编写，系统地介绍了风景区规划的基本原理、方法及应用。全书共分为12章，注重系统性，理论与应用结合，原理与方法并重。实例和案例的选取注重典型性和新颖性，兼顾不同地区，力求全面完整的反映风景区规划新的理念、内容和方法。第一章主要介绍风景名胜区的基本内涵和发展历史；第二章介绍风景资源的种类和特点；第三章介绍风景资源调查和评价的基本内容、基础理论和方法；第四章论述了风景区规划的基础理论、基本原理和方法，它们是风景区规划的依据和纲要。第五章至第十二章为专项规划部分，相关的规划均附有案例分析。第五章介绍风景游赏规划即旅游环境容量规划、总体布局、分区规划、游览路线规划的具体内容、基础理论和程序方法；第六章主要介绍典型景观如地质地貌规划、风景建筑规划、植物景观规划的内容和方法；第七章介绍旅游服务基地及游览服务接待设施规划的内容、方法和程序；第八章介绍风景资源分类保护和分级保护的内容和相关的保护规定；第九章介绍居民社会系统的组成和居民社会调控规划的基本原则和方法；第十章介绍经济发展引导规划的具体措施；第十一章阐述了在土地利用的现状调查分析及评估基础上，进行土地利用协调规划的具体内容和方法；第十二章介绍了交通和道路规划、通信工程规划、供电工程规划、给排水工程规划等基础工程规划的具体内容和方法。

本书可作为风景园林、园林、城市规划、建筑学、环境艺术设计相关专业师生的教学参考用书，也可作为相关专业科研、设计实践工作者的参考用书。

图书在版编目(CIP)数据

风景区规划/许耘红，马聪编著. —北京：化学工业出版社，2012.6(2023.8重印)
普通高等教育“十二五”规划教材·风景园林系列
ISBN 978-7-122-14179-8

Ⅰ.风…　Ⅱ.①许…②马…　Ⅲ.风景区-规划-高等学校-教材　Ⅳ.TU984.18

中国版本图书馆CIP数据核字(2012)第082686号

责任编辑：尤彩霞　　装帧设计：关　飞
责任校对：陶燕华

出版发行：化学工业出版社(北京市东城区青年湖南街13号　邮政编码100011)
印　　装：北京科印技术咨询服务有限公司数码印刷分部
787mm×1092mm　1/16　印张9　字数223千字　2023年8月北京第1版第10次印刷

购书咨询：010-64518888　　售后服务：010-64518899
网　　址：http://www.cip.com.cn
凡购买本书，如有缺损质量问题，本社销售中心负责调换。

定　　价：36.00元

前　言

风景区规划是介于风景园林规划设计与旅游规划之间的交叉学科课程，涉及自然、社会、人文和工程等学科的内容，综合性较强；风景名胜区规划是关于切实保护、合理开发和科学管理风景名胜资源的综合布置；同时风景区规划是一种带有区域规划性质的，以保护、开发、利用风景资源为基本任务，同时满足人们旅游活动需要，面积较大的游憩绿地的建设规划，具有典型的空间地域性特征。风景名胜区必须制定规划，经指定的上级部门批准后，具有法令效力，作为保护、建设和管理风景名胜区的依据。

我国从1985年开始成立风景名胜区，经过近40年的开发建设，逐步建设起了一大批基础设施和接待服务设施完善的风景区，极大地改善了公众的旅游环境，一方面作为我国自然景观和人文景观的保有地，满足了公众游憩和休闲的需求，另一方面风景区作为我国发展旅游业的载体，带动和活跃了区域经济，为国家旅游经济的发展做出了重要贡献。党的二十大报告明确提出，推进文化和旅游深度融合发展。随着公众游憩需求的增长及风景资源保护的需要，我国现在已经将风景区规划与保护放到了一个十分重要的位置，科学、合理地进行风景区的规划显得尤为重要，鉴于此，编写本书，以期能为风景区规划的相关专业人员提供理论指导和方法。

本书以国家建设部颁布的《风景名胜区规划规范》(GB 50298—1999)［现已更新为《风景名胜区总体规划标准》(GB/T 50298—2018)］为依据进行编写，系统地介绍了风景区规划的基本原理、方法及应用。全书共分为12章，注重系统性，理论与应用结合，原理与方法并重。实例和案例的选取注重典型性和新颖性，兼顾不同地区，力求全面完整的反映风景区规划新的理念、内容和方法。第一章主要介绍风景名胜区的基本内涵和发展历史；第二章介绍风景资源的种类和特点；第三章介绍风景资源调查和评价的基本内容、基础理论和方法；第四章论述了风景区规划的基础理论、基本原理和方法，它们是风景区规划的依据和纲要。第五章至第十二章为专项规划部分，相关的规划均附有案例分析。第五章介绍风景游赏规划即旅游环境容量规划、总体布局、分区规划、游览路线规划的具体内容、基础理论和程序方法；第六章主要介绍典型景观如地质地貌景观规划、风景建筑景观规划、植物景观规划的内容和方法；第七章介绍旅游服务基地及游览服务接待设施规划的内容、方法和程序；第八章介绍风景资源分类保护和分级保护的内容和相关的保护规定；第九章介绍居民社会系统的组成和居民社会调控规划的基本原则和方法；第十章介绍经济发展引导规划的具体措施；第十一章阐述了在土地利用的现状调查分析及评估基础上，进行土地利用协调规划的具体内容和方法；第十二章介绍了交通和道路规划、通信工程规划、供电工程规划、给排水工程规划等基础工程规划的具体内容和方法。

本书由许耘红编写第一章到第七章，马聪编写第八章到第十二章。

研究生王梦婷和刘齐参加了图表的绘制工作，在此表示感谢！

由于编写人员水平有限，时间仓促，书中存在问题和不足之处，敬请读者批评指正，以便进一步完善。

编者

目　录

第一章　风景名胜区概述 …… 1
第一节　国外国家公园简介 …… 1
第二节　中国风景名胜区概况 …… 6

第二章　风景资源的分类 …… 11
第一节　自然景观 …… 11
第二节　人文景观 …… 18

第三章　风景资源调查及评价 …… 24
第一节　概述 …… 24
第二节　风景资源调查的内容 …… 26
第三节　风景资源的评价 …… 29
第四节　评价方法 …… 32

第四章　风景名胜区规划纲要 …… 39
第一节　风景区规划的基本理论 …… 39
第二节　风景区规划的原则和内容 …… 42
第三节　风景区范围和性质的确定 …… 47

第五章　风景游赏规划 …… 50
第一节　旅游环境容量规划 …… 50
第二节　风景区的总体布局及分区规划 …… 55
第三节　风景区的景点规划 …… 61
第四节　游览路线规划 …… 64

第六章　典型景观规划 …… 71
第一节　概述 …… 71
第二节　地质地貌景观规划 …… 72
第三节　风景建筑景观规划 …… 74
第四节　植物景观规划 …… 79

第七章　游览服务设施规划 …… 85
第一节　旅游规模预测 …… 85
第二节　旅游服务设施及基地规划 …… 88

第八章　保护培育规划 …… 95
第一节　概述 …… 95
第二节　保护方式 …… 96

第九章　居民社会调控规划 …… 101
第一节　居民社会系统的组成 …… 101
第二节　居民社会调控规划 …… 102

第十章　经济发展引导规划 …… 104
第一节　经济发展引导规划的原则和内容 …… 104
第二节　经济发展引导的具体措施 …… 104

第十一章　土地利用协调规划 …… 106
第一节　土地的基本概念 …… 106
第二节　土地利用的现状调查、分析及评估 …… 107
第三节　土地利用规划 …… 108

第十二章　基础工程规划 …… 114
第一节　基础工程规划的原则和内容 …… 114
第二节　交通和道路规划 …… 114
第三节　通信工程规划 …… 116
第四节　供电工程规划 …… 118
第五节　给排水工程规划 …… 121

[附录一]　全国重点风景名胜区名单 …… 129

[附录二]　中国的世界遗产项目 …… 133

[附录三]　中国国家级历史文化名城名单 …… 135

参考文献 …… 136

第一章　风景名胜区概述

第一节　国外国家公园简介

一、美国国家公园

国家公园起源于美国，最早于1864年成立约瑟米提州立公园。当时的美国总统林肯签署了一项文告，宣布将约瑟米提山谷及其南面56km远的一块北美红杉林划给加州，成立州立公园，保护北美红杉原始森林，同时给公众提供一些游憩服务。这是以政府的名义来保护自然资源的开端，约瑟米提州立公园是美国国家公园的雏形。

1872年3月1日，美国国会颁布了一项法令，在怀俄明州和蒙大拿州交界处划出200万公顷土地，作为“为人民福利和快乐提供公共场所和娱乐活动的场地”，建立黄石国家公园，标志着世界上第一个国家公园成立。该项法令规定：“这个公共的公园，是为公众的利益，供大众欣赏使用而设立；保护国家公园免受伐木者、矿产主、自然资源猎奇者或其他人员的损害和掠夺”。另外，国家公园的功能还包括开发游客食宿设施，建设游览道路或林间小路，驱逐非法进入者，保护资源免遭破坏等。黄石公园建立后，美国又陆续将西部地区的一些土地，批准建立国家公园、国家纪念地。经过发展，美国现在已建立了科学、完善的国家公园系统。国家公园系统中，包括具有历史意义、优美风景和重要科学价值的区域。

至2005年，美国国家公园系统已包括20个类别，共384个单位，总面积84327466.01英亩[1]，覆盖49个州，占国土面积的3.6%。

美国的国家公园系统根据所保护的资源类型主要分为三类：

① 天然资源保护区　即美国的57个国家天然公园，简称为国家公园。

② 人文资源保护区　包括古迹、历史遗迹、城市、古建筑和文物等，称为国家历史公园。

③ 国家娱乐资源保护区　即国家游乐胜地。国家游乐胜地是一些景观价值稍逊于国家公园的自然风景区，它的环境容量相对要大，对自然保护的要求低，人工的工程设施、建筑设施要多些，但有十分丰富的娱乐资源。

在加入国家公园系统的地域中，具有珍贵的自然价值或特色，有着优美风景或很高科学价值的土地或水体，通常命名为国家公园纪念地、保护区、海滨、湖滨或滨河路。这些地域，包含一个或多个有特色的标志，诸如森林、草原、苔原、沙漠、河口或河系；或者拥有观察过去的地质历史，特殊地貌的“窗口”，诸如山脉、台地、热地、大岩洞；也有的是丰富的或稀有的野生动物、野生植物的栖息地、生长地。所以，美国的国家公园除以上所述的三种类型外，还包括国家史迹地、国际史迹地、国家纪念地、国家纪念碑、国家战场、国家

---

[1] 1英亩＝4046.8564224平方米。

战场公园、国家战场遗址、国家军事公园、国家海滨、国家湖滨、国家河流、国家风景游览小道、国家荒野风景河流及沿河路、国家保护区等多种形式（详见表 1-1）。

表 1-1　美国国家公园系统一览表

类　别	数　量	面积/英亩
1. 国家公园(National Park)	57	51914772.65
2. 国家历史公园(National Historic Park)	118	200395.23
3. 国家史迹地(National Historic Site)		
4. 国际史迹地(International Historic Site)		
5. 国家休闲游乐区(National Recreation Area)	18	3692222.58
6. 国家纪念地(National Monument)	73	2706954.90
7. 国家纪念碑(National Memorial)	28	8531.78
8. 国家战场(National Battlefield)	24	61648.16
9. 国家战场公园(National Battlefield Park)		
10. 国家战场遗址(National Battlefield Site)		
11. 国家军事公园(National Military Park)		
12. 国家海滨(National Seashore)	10	594518.33
13. 国家湖滨(National Lakeshore)	4	228857.29
14. 国家河流(National River)	15	738089.17
15. 国家荒野风景河流及沿河路(National Wild and Scenic River and Riverway)		
16. 国家风景游览小道(National Scenic Trail)	3	225356.57
17. 国家园林路(National Parkway)	4	173865.28
18. 国家保护区(National Preserve)	19	23742879.74
19. 国家保留地(National Reserve)		
20. 其他未命名地(Without Designation)	11	39374.33
总　　计	384	84327466.01

（资料来源：美国国家公园管理体制，李如生，2005）

1. 美国国家天然公园的性质、保护措施、规划设计

(1) 性质

美国的国家公园是在保护的前提下，在环境容量允许的范围内有控制、有管理地向公众开放，供公众旅游、娱乐、进行科学研究和科学普及的特殊地域。

(2) 保护措施

国家公园的自然生态及景观受到严格保护。美国国家公园范围内的所有植物不得采集利用，病虫害不加防治，枯木任其倒伏腐朽；不许放牧、狩猎，不得喂食野生动物；不许采矿；不引种任何外来的动物和植物物种。国家公园内的自然地貌、地质土壤、动植物群落，都按原始状态保护下来，不得破坏。其中一部分地区划为绝对保护区，只准许持有特别通行证的科学工作者进入。在大部分地区，在不影响环境质量的范围内，确定环境容量，在一定容量范围内向公众开放。国家公园的外围是面积更大的国家森林，起到国家公园外围保护圈

的作用。

(3) 规划设计

国家公园的设计是在中央设计中心领导下，由地区局的设计机构具体负责规划设计工作，并由公园局的设计人员参加，采用公众参与的方式，还须征求并吸收当地及州的公众意见，才能确定规划方案。

在国家公园内，不许建造高层、大体量的旅游服务设施和景观建筑。景观建筑造型简洁、色彩淡雅，力求与当地的自然环境相协调。服务设施都是分散设置在远离景点或保护对象的地方。公园内行车道的设计，不得破坏天然景观和资源，不得建造架空索道缆车。旅游建筑附近的园林设计采用自然式布局，种植设计完全模仿当地的野生植物群落形式。

2. 国家公园系统的管理体制

美国的国家公园统一由内政部国家公园管理局直接管理，国家公园局是中央机构，下设10个地区局，每个公园又设有公园管理局。

各公园的经费由国家公园局直拨，公园的规划、设计由国家公园局统一组织，人事也由国家公园局统一管理。

二、加拿大国家公园

加拿大的第一个国家公园是班夫国家公园建于1885年，是北美的第二个国家公园。它坐落于落基山脉北段，距加拿大阿尔伯塔省卡尔加里以西110～180km处。公园共占地6641km^2，班夫国家公园有三个生态区域，包括山区、亚高山带和高山，遍布冰川、冰原和松林。现在加拿大共成立了42个国家公园，108处国家历史纪念地以及2处国家海洋保护区。其中位于落基山脉的杰士伯国家公园（Jasper National Park）、冰原大道、优赫国家公园（Yoho National Park）及瓦特顿湖国家公园（Waterton Lakes National Park）与班夫国家公园（Banff National Park）连成一线，高山、冰河、湖泊美景天成，每年吸引大量的游客。

加拿大国家公园署（Parks Canada）是中央政府组织的一环，隶属于加拿大国有遗产局（Department of Canadian Heritage），专门负责管理国家公园、国家历史纪念地以及国家海洋保护区。

三、德国国家公园

德国于1976年建立了第一个国家公园——东巴伐利亚森林国家公园。1973年，德国通过了国家公园法，确定了建造国家公园的目的：

① 保护整个地区的生态环境。

② 保护处于自然状态和接近自然状态的生物及自然景观，并进行科学研究。

③ 在不损害自然环境的前提下，开发旅游和疗养业，使居民受到教育，得到休息。

④ 国家公园不以盈利为目的。

德国国家公园的规划和管理机构是政府机构，称为国家公园管理处，隶属于所在地的县议会。国家公园必要的管理经费由州政府根据规定下拨到县。国家公园管理处的职责有：

① 提出并制定国家公园的规划和年度计划。

② 经营并管理国家公园及其设施。

③ 保护、养护国家公园内的动植物，执行推广保护措施。

④ 鼓励并参与有关科学考察和科学研究。

⑤ 对公众进行宣传教育。

⑥ 管理旅游和疗养业。

四、日本自然公园

日本的自然公园是指那些全国范围内规模最大并且自然风光秀丽、生态系统完整、有命名价值的国家风景及著名的生态系统。目的是为了保护和充分利用日本优美的自然风景区，以利于国民的健康、修养及文化素养的提高。日本的国家公园都不收取门票。日本的国家公园（自然公园）系统由国立公园（国家公园）、国定公园和都道府县立自然公园组成，对它们的管理由国家环境厅与都道府县政府、市政府以及国家公园内各类土地所有者密切合作进行，在国家公园和野生物种办公室下设有公园管理站；都道府县立自然公园由有关市政府和都道府县政府管理。

日本的国家公园体系有以下 3 类。

1. 国立公园（国家公园）

国立公园（国家公园）原则上应有 $20km^2$ 的核心景区，核心景区保持着原始景观；除此之外，又需要有若干生态系统未因人类开发和占有而发生显著变化的区域，以及动植物种类和地质地形地貌具有特殊科学教育及娱乐功能的区域。

2. 国定公园

是仅次于国立公园的优秀风景地，又称为准国家公园。国定公园由都道府县进行管理。

3. 都道府县立自然公园

是供县民们野外休养游览的场所。

日本的国家公园由国家环境署署长主管，自然保护委员会协管；国定公园由国家指定，由都道府县负责管理；都道府县立自然公园由相应的都道府县指定和管理。

到 2006 年，日本自然公园数共计 392 个，其中国立公园 28 个，国定公园 55 个，都道府县立自然公园 309 个，由国家指定的国立公园和国定公园约占国土面积的 9%。自然公园保护范围十分广泛。从河流及海岸线看，日本 113 条主要河流的 8%，海岸线的 44%在国立公园和国定公园的保护范围内。日本国家公园的保护和利用法规由国家环境厅制定，每 5 年修订一次；准国家公园适用的法规仿照国家公园的标准，由国家环境厅指导都道府县政府制定。

日本所有的国家公园都依照国家公园法进行规划管理，由于目前日本国家公园内的土地存在着多种所有制——国家所有，地方政府所有，私人所有（现有 24%的国家公园面积为私人所有）和多种经济活动——农业、林业、旅游业及娱乐产业，因而，日本有针对性地按照生态系统完整和风光秀丽等级，人类对自然环境的影响程度，游客使用的重要性等指标将所有国家公园的土地划分为四种类型区域，即：特殊保护区、海洋公园区、特别区和普通区。为了在有限的区域内集中公园的食宿设施，国家公园的规划包括对专营“食宿点”的安排，还包括交通系统、小旅馆、露营、观景点和其他户外活动设施的安排。

为了保护国家公园秀丽的风光和著名的生态系统，日本在国家公园的自然保护方面和旅游服务方面采取一些措施，主要包括：

① 在国家公园内控制各种有害的人类活动。除非得到国家环境署署长的批准并领取了执照，许多对环境有影响的人类活动都禁止在国家公园内进行。

② 组织起由地方政府、特许承租人、科学家、当地群众等组成的志愿队伍，从事国家

公园的美化和清洁工作。

③ 收购国家公园内的私人土地。收购土地的对象是一些重要的区域，如特殊保护区、Ⅰ级保护区。1991 年以后，扩展到Ⅱ级和Ⅲ级特别区。

按照日本国家公园法的规定，国家公园法的执行由国家公园管理人（园长）及公园的其他员工，地方政府会同公园的各类土地所有者合作完成。

④ 公共设施的提供。为了促进对国家公园的充分利用，允许地方公共团体和承租人按照国家公园的使用规划提供贴近自然的服务设施。由国家环境厅和在环境厅帮助下的地方共同提供经费，比例为 1∶2 或 1∶3。公共设施的政策和公共设施的类型是：国家公园必须具备最优美的自然环境、风景点、自然小路、露营点、游客中心、卫生间和其他服务设施，以使人民共享自然。

⑤ 建立国家度假村（National Vacation Village）。在国家公园内，自然环境优美的地方建立以娱乐为目的的国家度假村。度假村内的住宿设施有益于健康、简洁、不昂贵，并且与户外的其他设施浑然成为一体。1961 年日本在国家公园内建成第一个度假村，现有的 34 个度假村经营良好。

度假村中的部分公共设施，如：景点、小路、露营点等是非盈利的，它们由国家环境厅和相关的公共团体管理；国家度假村中的盈利性设施，如：酒店、旅馆、滑雪缆车等由国家度假村协会管理。

五、国家公园建立的标准

虽然第一个国家公园于 1872 年就已建立，但直到 1962 年，在国际保护自然资源联合会（IUCN）大会上，才第一次给国家公园下了定义：国家公园是经中央政府机关核准，并具备以下三个基本条件的地区：

① 具有相对大面积的区域，包括当地一种或几种生态系统。

② 动植物代表种类、地理位置、栖息地都具有特殊科学教育意义，并包括可观赏的自然景观。

③ 能够充分保护自然环境和自然资源，并制定相应的规章条例。

美国的国家公园法规定：国家公园是一国政府对某些在天然状态下具有独特代表性的自然环境区划出一定范围而建立的公园，属国家所有，并由政府直接管辖，旨在保护自然资源、自然生态系统和自然地貌的原始状态，同时又作为科研、科普教育和提供公众游乐、观赏自然景观的场所。

1972 年，在第十次国际自然资源联合会大会上，通过了对国家公园定义所作的极重要的补充。建议各国政府，只能对满足该名词定义的地区使用这一名词，并通过了国家公园标准的原则如下。

1. 法律保护

国家公园的法定保护必须以中央政府立法为依据，并具有永久性而有足够的保障，以期达到设置公园的目标。

2. 有效管理及功能

一个国家公园的管理保护，应有适当人员及经费，以便服务于游客并防止资源破坏。为长期保护优美自然景观、原生动植物、特殊生态系统而设置。

3. 地区面积

面积不小于 $10km^2$，具有优美景观、特殊生态和地形，具有国家代表性，而且必须是全部以保护自然为主的地区，如严格自然区（strict natural zone），治理自然区（managed natural zone）及旷野区（wilderness area）。

4. 资源的开采

原则上公园内的天然资源严禁开采，应由国家权力机构采取措施，限制工商业及聚居的开发，禁止伐木、采矿、建厂、放牧及狩猎等行为，有效地维护自然景观和生态平衡。

5. 经营上的措施

适度开发以提供观光游憩等，但应以保护资源和环境为前提。要保护好现有的自然景观，把它作为旅游、审美、科研、教育及启智的资源。

美国开创了国家公园的先河，继美国之后，加拿大也成立了国家公园，接着欧洲、大洋洲、东南亚和非洲等许多国家都相继建立了自己的国家公园系统。一百多年来，全世界已有100多个国家相继建立了国家公园系统，共建立2600多个国家公园，其面积约占地球陆地的2.6%。

国际自然保护联盟（IUCN）是1948年由联合国教科文组织和法国政府共同创立的组织，负责监督管理各国的国家公园。由于各国自然条件、生态系统、物种及受威胁的程度、管理机构、社会经济情况有差异，国家公园与保护区的体系各不相同。

六、国家公园的发展

国家公园的发展可分为以下三个阶段。

1. 早期的单纯保护

早期主要是“圈地保护”。当时是19世纪末期，在北美地区经济发展迅速，对自然资源特别是森林、矿产开采，破坏十分严重，一些科学家担心资源的过度开发利用，说服政府划出一定的地域范围进行保护，未形成系统的生态保护体制，最早建立的国家公园中提供游憩、科研、科普教育利用的部分较少，功能单一。

2. 二战后的游憩发展

战后经济复苏，民众的生活水平提高，旅游业发展起来。许多国家都设立了国家公园，在国家公园中划出一定范围供游客使用，也曾出现开发过度的现象，如动物迁移、原生植被和原始地貌破坏等，产生了负面影响，没有形成一套科学、合理的开发、经营和管理的模式，保护与游憩的矛盾变得突出。

3. 近二三十年的可持续发展

随着生态学和环境科学的发展，人类环保意识的增强，国家公园已上升到生态保护区的概念，由过去的单纯保护、观赏转向教育、科研和游憩结合的多元化利用，功能多样，并提出可持续发展的概念。国家公园是人类科学、合理地保护和利用自然资源的一种有效方法。

除国家公园外，还有世界遗产保护、国际人与生物圈计划、国际湿地保护及世界地质公园计划等国际性的保护区系统。

第二节　中国风景名胜区概况

中国是一个文明古国，有着五千年的灿烂文化。中国的风景区在其历史发展过程中深受哲学、宗教、文学、艺术等的深厚影响，所以中国的风景区既有丰富多彩的自然景观，又融入了大量的人文景观，风景区又称为风景名胜区。

一、中国风景名胜区的起源和发展

1. 早期

中国最早开发的是一些山岳风景区，许多风景名山的形成都有较长的发展史，如“五岳”就因历代帝王“封禅”而逐渐开发并得到保护。“封禅”是古代帝王祭祀天地的一种礼仪活动，起源于民间对山神的原始崇拜，是一项政治色彩很浓的宗教仪典，“封”是祭天，“禅”是祭地，目的是向天神地祇报功，有史记的“封禅”活动，是从秦始皇开始的。“封禅”对名山的开发和保护起了积极的作用。对山岳风景真正进行开发，始于魏晋南北朝时期寺观园林的建置，特别是一些名山相对较高大，自然生态状况良好，充满了美的自然物和自然现象，是中国山岳自然景观的精华荟萃；山岳安静超脱的环境便于参禅悟道，其早期开发的先行力量和后期建设的主要力量多为僧道，名山多数成为佛、道等宗教活动的基地。所以中国的许多名山与佛教和道教有着很深的渊源关系。长期以来，不同阶层、不同素养的人涉足名山进行建设活动、宗教活动和世俗活动，留下了大量各类以建筑为代表的物质文化和以诗文书画为代表的精神文化，具有丰富的文化内涵。到唐宋时，由于经济的发展，在长安的曲江池、杭州西湖形成大型的风景游览地，成为平民百姓新的游憩场所。

20 世纪 20 年代，国民党政府曾将一些名山如庐山、黄山列为避暑、游览区域，指定政府严加管理，起到了一定的保护作用。

2. 停滞期（20 世纪 30 年代～70 年代）

由于战乱和历史的原因，中国的风景名胜区处于停滞状态，归属问题未能解决。

3. 发展期

由于历史的原因，我国的风景名胜区建设，在建国后相当长的一段时间内未能得到很好的重视，直到 1979 年 3 月，国务院发布［1979］70 号文件，才明确了风景区的维护与建设由城市建设部门归口管理，从此风景名胜区的工作纳入了国家的管理体系，结束了长期缺乏组织领导的状态，并使风景名胜区的工作体系在法律上得到确认。

20 世纪 80 年代后，中国的风景名胜区得到较快发展。1982 年 11 月 8 日，国务院审定公布我国第一批国家重点风景名胜区 44 处，标志着我国的风景名胜区以政府的名义予以确定，严加保护。

我国现在已颁布九批国家级重点风景名胜区共 244 处。截至 2021 年 7 月，中国共有 56 个遗产项目被联合国教科文组织列入《世界遗产名录》。其中世界文化遗产 38 个，世界自然遗产 14 个，世界文化和自然双遗产 4 个，含跨国项目 1 个。

风景名胜区的建立和发展，使风景名胜资源得到了有效的保护和利用，带动旅游、经济文化以及其他相关事业的发展。风景名胜区建立后，在制止破坏自然资源、封闭开山采石场、退耕还林、退田还湖、防治污染、治理脏乱差等方面取得成效，并获得了可观的经济效益。但在开发建设过程中，一些地方把风景名胜区这一特殊资源事业等同于经济产业，出现了片面追求经济效益的现象，产生了一些破坏性建设行为。针对这些问题，1994 年 3 月，国家建设部发布了《中国风景名胜区形势与展望》绿皮书，书中全面回顾了我国风景名胜区事业发展历程，分析当前形势，指明主要问题，提出今后发展目标及对策的纲领性文件。

建设部和国家技术质量监督局联合发布的强制性国家标准《风景名胜区规划规范》于 2000 年 1 月 1 日起开始实施，这是我国关于风景区规划设计方面的第一部技术规范。《风景名胜区规划规范》的主要内容包括：风景区规划的基本术语，基础资料与现状分析，风景资源评价，规划范围、性质与发展目标，规划分区、结构与布局，风景区容量、人口与生态原则，风景区的保护培育，风景游赏、典型景观，旅行游览服务接待设施，基础工程，居民社会调控，经济发展引导，土地利用协调，分期发展等规划及规划成果与深度等规定。此规范为今后的风景区规划工作提供了积极的指导作用，以利于提高风景区规划的科学性、适用性和先进性，实现风景、社会和经济三个方面的综合效益。

二、中国风景名胜区的特点

1. 差异万千的自然景观

我国是一个疆域辽阔的国家，地质、地形、地貌变化大，湖泊河流众多，有18000多千米长的海岸线，岛屿星罗棋布，自然景观类型丰富多样。有多种类型的地貌景观、水文景观、生物景观及气象、天象景观。

2. 历史悠久且绚丽多彩的人文景观

我国历史悠久，先辈们创造了灿烂的中华文化。古人早在名山大川中开辟景点，建庙宇、修殿堂、亭阁、筑塔幢。无论是在险峰绝壁之中，还是在碧波清流之畔，都留下了文人墨客大量的碑文诗词，大师匠人的摩崖石刻、石雕泥塑，有较高的历史价值和艺术价值。我国的自然景观往往以人文而著称。许多自然景观常因有“名”，才形成“景”，所谓“山不在高，有仙则名；水不在深，有龙则灵。”如古时称的“五岳”因历代帝王封禅而闻名于世。另外，还有佛教四大名山峨眉山、五台山、九华山、普陀山及道教名山青城山、崂山、武当山等都因是宗教圣地而出名。

3. 地方风格和民族风格

由于自然地理差异带来自然景观的差异，以及各地民风、民俗和经济文化的差异，形成了各地丰富多彩的乡土景观，具有明显的地方风格和民族风格。

三、中国风景名胜区的类型

1. 圣地类

指中华文明始祖集中或重要活动的区域，以及与中华文明形成和发展关系密切的风景名胜区。不包括一般的名人或宗教胜迹。

2. 山岳类

以山岳地貌为主要特征的风景名胜区。此类风景名胜区具有较高生态价值和观赏价值。其中包括一般的人文胜迹。

3. 河流类

以天然河道为主要特征的风景名胜区，包括季节性河流及峡谷。

4. 湖泊类

以宽阔水面为主要特征的风景名胜区，包括天然或人工形成的水面。

5. 洞穴类

以岩石洞穴为主要特征的风景名胜区，包括溶蚀、侵蚀、塌陷等成因形成的岩石洞穴。

6. 海滨海岛类

以滨海地貌为主要特征的风景名胜区，包括海滨基岩、沙滩、滩涂、泻湖和岬角、海岛岩礁等。

7. 特殊地貌类

以典型、特殊地貌为主要特征的风景名胜区，包括火山熔岩、热田汽泉、沙漠碛滩、蚀余景观、地质珍迹等。

8. 园林类

以人工造园的手法改造、完善自然环境而形成的偏重休憩、娱乐功能的风景名胜区。

9. 壁画石窟类

以古代石窟造像、壁画、岩画为主要特征的风景名胜区。

10. 战争类

以战争、战役的遗址、遗迹为主要特征的风景名胜区，包括其地形地貌、历史特征和设施遗存。

11. 陵寝类

以帝王、名人陵寝为主要内容的风景名胜区，包括陵区的地下文物和文化遗存，以及陵区的环境。

12. 名人民俗类

以名人胜迹、民俗风情、特色物产为主要内容的风景名胜区。

四、中国风景名胜区的内涵与功能

国外的国家公园一般是以保护特殊的地质地貌或森林植被为主，人文内容相对少。而中国的风景名胜区，由于历史的原因，人文资源特别丰富，它以自然景观为主，含有大量人文景观。中国的风景名胜区和国外的国家公园在资源和环境保护（包括物种保护）等主体目标上，是完全相同的。为与国际社会交往便利，我国的风景名胜区对外又称“中国国家公园”(National Park of China)。中国的风景名胜区将与世界各国的国家公园一起，共同维系地球上已经十分脆弱的自然生态和生物多样性。

结合中国实际情况，参考国外的定义，《中国风景名胜区形势与展望》绿皮书把风景名胜区定义为：具有观赏、文化或科学价值，自然景物、人文景物比较集中，环境优美，具有一定规模和范围，可供人们游览、休息，或进行科学文化教育活动的地区。

风景名胜区是国家社会公益事业，与国际上建立国家公园一样，中国建立风景名胜区，是要保护自然景观资源（包括生物资源）和人文景观资源，使其不再受到自然损害和人为破坏，包括开发所带来的负面影响；同时科学地建设管理，合理开发利用。风景名胜区是自然景观资源和人文景观资源相对集中，具有国家或地区代表性的精华区域，是一种特殊的保护区，即自然与人文资源保护区。我国风景名胜区的主要功能和作用为：

① 保护生态、生物多样性与环境。

② 发展旅游事业，丰富文化生活。

③ 开展科研和文化教育，促进社会进步。

④ 通过合理开发，发挥经济效益和社会效益。

中国风景名胜区工作的基本方针是：“严格保护，统一管理，合理开发，永续利用。”强调风景名胜资源保护工作的首要地位。因为风景名胜资源具有珍贵性和脆弱性，一旦破坏，不可再生，也无法替代，风景名胜资源是风景名胜区的本底。国家严令禁止在风景名胜区各景区范围内设立开发区、度假区，不得出让土地，严禁出卖转让风景名胜资源。

中国的风景名胜区在管理、科研、旅游服务接待、规划设计、环境保护及立法等方面都与国际上的国家公园有差距，有待完善。

五、中国风景名胜区徽志的设立

为了保护国家风景名胜资源，加强国家级风景名胜区的管理，唤起群众对国家风景名胜

图 1-1　中国国家风景名胜区徽志图案

资源的爱护，按照《风景名胜区管理暂行条例实施办法》的规定，建设部于 1990 年 9 月 3 日，公布了“中国国家风景名胜区徽志”。该徽志是建设部组织有关人员，先提出设计方案，后征求多方意见，并经专家反复修改而成。

徽志为圆形图案，正中部万里长城和山水图案象征祖国悠久历史、名胜古迹和自然风景；两侧由银杏树叶和茶树叶组成的环形图案象征风景名胜区优美的自然生态环境和植物景观。图案下半部汉字为“中国国家风景名胜区”，上半部英文字为“NATIONAL PARK OF CHINA”（图 1-1）。

徽志设置于国家级风景名胜区主要入口的标志物上。标志物的背面要镌刻该风景名胜区简介，内容包括风景名胜区的地理位置、历史沿革、四至界限、总面积、景区（景点）名称、风景资源和周围环境概况等。文字要言简意赅，便于阅览。

第二章　风景资源的分类

风景资源的分类有多种方法，按性质、成因和运用中的需要，有以下几种分法。

（1）按利用限度和生成价值，分为再生性和非再生性，这种分类有助于科学地保护资源，避免过度开发。

（2）按形态特征，分为有形的和无形的。有形的指可以直接触及到或观赏到的，无形的指无法直接触及和观察到，只能间接感受到它的存在。

（3）按开发利用的变化特征，分为原生性和萌生性。

（4）按用途分为物质享受型和精神享受型。

（5）按活动的性质，分为观赏型、运动康乐型和特殊型。

（6）按空间层次分为天上、地上、地下、海底等。

（7）按性质和成因分为自然景观和人文景观两大类。

以下内容按性质和成因特征，将风景资源分为自然景观和人文景观两大类。

第一节　自 然 景 观

自然景观指地貌、水文、气候、生物等自然景观现象和因素，简称地景、水景、天景和生景四类。

一、地貌景观

从构景角度看，地貌是风景的骨架，它决定了风景的气势和主要特征，还影响着动植物的生长，并不是所有的地貌类型都有景观价值，只有那些有观赏价值，且能够构成风景的地貌才有景观价值，这一类的地貌，称为风景地貌。在进行地貌景观的开发建设时，首先要从众多的地貌类型中区别出有观赏价值的风景地貌，然后研究地貌类型与其它风景组成要素的关系，在不同的地貌类型上，合理配置植物和建筑，使其观赏效果最佳，这就是地貌构景。

中国北方多大山脉、大高原、大平原，对比强烈，总体上给人以雄浑博大之感；南方则多为中小型山脉、丘陵，小平原、盆地交错分布，河流纵横，湖泊棋布，总体给人以纤巧秀丽之感。因此从宏观的观赏感受出发，常将中国风景概括为“北雄南秀”。其实，雄、险、奇、幽、秀、旷、野等多种美感的产生，都同地貌有着直接关系。以下介绍几种有构景价值的地貌景观类型。

1. 花岗岩景观

花岗岩地貌是由地下深处含石英成分较多，处于高温高压状态下的酸性岩浆侵入到地壳中逐渐冷凝而成，颜色常为灰白色或肉红色，具有明显粒状结构。其主峰突出，群峰簇拥，山岩陡峭，雄伟险峻，气势宏伟，岩石裸露。沿节理、断裂有强烈的风化剥蚀和流水切割。多奇峰、深壑、怪石。球状风化作用突出，可形成“石蛋”。中国花岗岩地貌分布广泛，其中以黄山、华山、泰山、天柱山、衡山、九华山、三清山、崂山等的景观最为著名。此外，普陀山、龙虎山、厦门鼓浪屿和万石岩、泉州清源山、福州鼓山等都是著名的花岗岩风景区。

2. 砂岩景观

在砂岩地貌中，以红色砂砾岩和石英砂岩景观最具观赏价值。红色砂砾岩是在内外营力作用下发育而成的方山、石墙、石峰、石柱等特殊地貌景观，以广东仁化的丹霞山发育最为典型，中国地理学界将此种地貌称为“丹霞地貌”。丹霞地貌在我国风景区中占有重要地位。福建武夷山，河北承德磬锤峰、僧帽山都属于此种地貌。我国的丹霞地貌主要分布在广东、江西、福建、浙江、四川、贵州、云南、甘肃等地。这类砂砾岩岩层较厚，整体性好，岩石性能又可雕可塑，为凿窟造龛提供了理想的天然场所，故大量石窟、石刻，如麦积山石窟、云冈石窟、大足石刻、乐山大佛等均分布于红砂岩层中。

石英砂岩景观以湘西的张家界最为典型。张家界国家森林公园面积为 390km^2，以世界罕见的石英砂岩大峰林，大峡谷地貌为主体，石英砂岩峰林列队成阵，横无际涯，展示着一种磅礴美。

3. 玄武岩景观

玄武岩是一种基性火成岩，是岩浆喷出地表冷凝而成的。玄武岩一般为黑色或灰黑色的细粒致密的岩石，经风化后可呈红色或黑褐色以及暗绿色等，常具气孔。玄武岩最有特点的景观是它的岩体呈柱状节理。在我国东南沿海及四川、贵州、云南、内蒙古等地，分布有许多玄武岩。

广西北海、广东湛江、广东佛山、中国台湾、南京六合等地均有气势磅礴的玄武岩柱状节理景观。峨眉山顶部也覆盖有大面积的玄武岩。

4. 岩溶景观

岩溶景观又称为喀斯特地貌景观。岩溶景观主要有两种表现类型：地表岩溶和地下岩溶。

① 地表岩溶　在岩溶作用下，石灰岩地区的地表形成各种不同的形态。它包括溶沟、石林（石芽）、落水洞、漏斗、溶蚀洼地、岩溶盆地、干谷和盲谷、峰丛、峰林和孤峰。在这些地表岩溶形态中，最能吸引游客、具有观赏价值的，要数峰丛、峰林、孤峰、漏斗和石芽。峰丛和峰林是由石灰岩遭受强烈溶蚀而成的山峰集合体，峰丛是一种连座的峰林，当峰丛基座被切开，相互分离就成了峰林。如果峰林形成后，地壳上升，峰林又将转化为峰丛。孤峰是岩溶地区孤立的石灰岩山峰，是岩溶山峰发育到后期的产物。漏斗是一种平面轮廓为圆形或椭圆形的洼地，其下部常有管道通往地下，如果通道被黏土或碎石堵塞，则可积水成池。石芽是地表水沿着坡面上的节理和裂隙，经散流溶蚀和雨水淋溶作用形成的。凹者为槽，凸者为芽，因石芽排布如林，故又称石林（石牙）。我国云南石林，以岩柱雄伟高大、排列密集整齐、分布地域广阔而居世界各国石林之首。

② 地下岩溶　地下岩溶表现为溶洞。它的形态多种多样，规模也大小不一。有单层、双层、多层，旱洞、水洞之分。溶洞中的水常常形成地下河、地下湖和地下瀑布。在洞穴内，有许多化学堆积物或沉积物，相应形成一些特殊的形态，如石钟乳、石笋、石柱、石幕等，极大地丰富了溶洞景观。

我国的溶洞景观资源十分丰富，分布广泛，主要集中分布在云南、广西和贵州，约占全国的 2/3。

5. 山岳景观

在地貌学上，对山岳的划分是根据山岳主峰的高度。海拔500～1000m为低山；1000～3500m为中山；3500～5000m为高山；超过5000m为极高山。其中低山和中山地处于平原和高山之间，经过一定程度的开发，有人文景观的留存，同时还保留着许多大自然的刀斧神功所形成的奇观。所以中山和低山无论在自然景观方面，还是人文景观方面，可供观览的内容都比较丰富。

由于受大气环流特别是气候垂直分布的影响，在一定程度之内，气温随着海拔的增高而降低，雨量随着海拔的增高而增加，所以山地成为避暑胜地。山地若植被覆盖率高则空气清新，海拔高则紫外线和负氧离子较多，有利于疗养，尤其对心肺疾病患者、用脑过度者的康复疗效显著，所以山地常建有疗养设施。此外，此种高度多数游人也可以较为方便地到达，它们是最受游人青睐的旅游地。

海拔较高的高山和极高山主要是进行科学考察和登山探险活动，其艰险的攀登路线、变化不定的气候条件和缺氧的环境，是对人的毅力和体力的严峻考验；其高山冰雪世界和冰川地貌的奇诡景象是世间难得的景观；其珍贵的地质资料是沧海桑田的见证。山岳景观的特点同组成它们的岩石性质有密切的关系。

6. 峡谷景观

峡谷，是指狭而深的谷地，横剖面常呈“V”字形。两坡陡峭，构成峡谷景观。我国的峡谷有两种类型，一种是在中、小河流上形成的峡谷，相对高差在500m以内，岸边具有众多的植物与动物风景相配合，富有诗情画意；另一种是大江大河上形成的峡谷，相对高差在500m以上，形成多层次立体变化的自然景观，有较大的跨度。我国云南的三江（金沙江、澜沧江和怒江）峡谷是以险滩急流和悬岩峭壁闻名于世的深切割峡谷。

7. 火山景观

火山风景也称为熔岩地貌风景，是由于地下岩浆涌出地表凝固所形成的地貌景观。我国的火山风景主要分布在东北、西藏高原、云南腾冲、海南岛—雷州半岛、大同地区、中国台湾。东北地区分布最多，占全国总数的84%。

我国的火山景观主要有四种类型：

① 火山锥　火山景观多以火山锥为典型的地貌特征，平地拔起，孤峰独岩，山圆而内空，形状壮观而奇特。在我国分布最多的是腾冲火山锥群。

② 火山湖　我国火山湖最集中的是东北地区，如黑龙江的五大连池，镜泊湖和长白山的天池等（图2-1）。

③ 熔岩流　在火山形成过程中，火山喷出的熔岩流冷却后，形成熔岩台地，在火山分布的地区都有这种石台地。另外，在熔岩台地上，往往分布着许多溶穴。熔岩流在五大连池保存最为完整。

④ 地热奇观　在火山分布的地区，一般都有地热现象相伴生。我国地热奇观最突出的集中地有两处：一处在西藏地区，一处在云南腾冲地区。西藏的地热资源极为丰富，有沸泉、热泉、间歇喷泉、喷气孔、冒气穴、冒气地面、水热爆炸等景观。火山热泉不但温度高，而且含有大量对人体健康有益的元素，具有很高的医疗保健价值。

8. 海岸景观

我国海岸线长，濒临渤海、黄海、东海和南海，沿海从北到南地跨温、亚热带和热带三大气候区，有丰富的海岸景观。

我国海岸带的景观主要有以下3种类型。

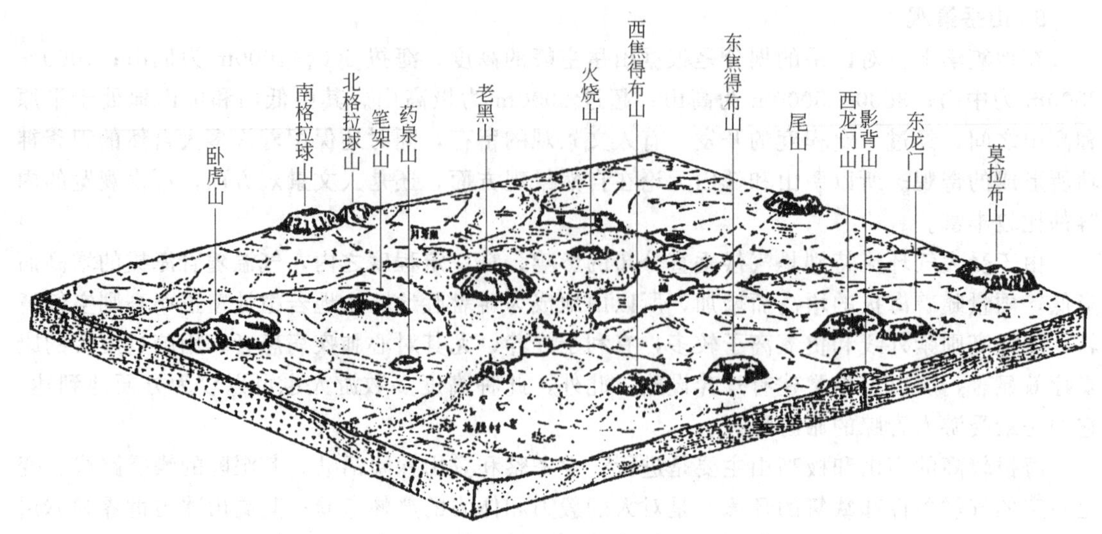

图 2-1　黑龙江省德都县五大连池景观

（1）基岩海岸

我国的基岩海岸大部分由花岗岩组成，另外还有由变质岩、火山岩和玄武岩组成的海岸。这类海岸往往形成一些陡峭的岩石峭壁和山脉。基岩海岸的岸外，水深浪激，岸线曲折迂回，呈现出一种山海相连的海岸风景，同时，还形成水深、港阔、少淤的优良海港。如青岛的崂山、浙江的普陀山、福建的平潭等都是著名的基岸海岸风景区。我国基岩海岸分布广泛，主要分布在辽东半岛、山东半岛和杭州湾以南的浙、闽、粤、桂等省区沿岸。

（2）泥沙质海岸

泥沙质海岸多由河流入海而形成，河流从陆地搬运大量泥沙物质，在入海的沿岸地带堆积成三角洲，形成泥沙质海岸。我国海岸除辽河、黄河、长江、珠江等大河入海外，还有许多规模较小的河流，总计起来，海岸入海的大小河流在百条以上，形成了东部沿岸百川归大海的海岸景观。

（3）生物海岸

我国的生物海岸主要分布在热带和亚热带沿岸地区，以珊瑚礁海岸和红树林海岸最有代表性。

① 红树林海岸　红树林是分布在热带、亚热带地区海岸潮间带的常绿阔叶林或灌木林。有“海洋森林”之称，是海岸的绿色屏障，具有防风护堤的作用，并能改良滩地土壤，美化海岸环境。由于自然群落主要以红树科植物为组成树种，在生态学上称为红树林。我国台湾、广西、海南、香港等省区沿岸红树林发育较好。

② 珊瑚礁海岸　分布在热带、亚热带海域中的珊瑚礁，是由珊瑚礁虫的石灰质残骸堆积而成的。一般在水深 1～10m 的沿岸海底，珊瑚礁生长特别繁盛。珊瑚礁海岸的海滩往往由白细的珊瑚砂组成，平缓舒展，是一种优质的海滩。

我国的珊瑚礁主要分布在南海中的西沙群岛、东沙群岛、中沙群岛和南沙群岛，此外，在南海北部沿岸的香港沿岸、雷州半岛南部、海南岛沿岸、北部湾等都有珊瑚礁发育。

珊瑚礁海岸往往是世界上许多国家的著名旅游区，如美国的佛罗里达海岸、百慕大群岛，澳大利亚的大堡礁区，斯里兰卡、印度尼西亚和菲律宾等沿岸珊瑚礁区，都是著名的旅游胜地。

此外，冰川及一些干旱区景观如土林、沙漠、雅丹地貌等都是有一定观赏价值的特殊地貌景观。

二、水文景观

水是风景的血脉，“山无云则不秀，无水则不媚”，水在风景构成中起着重要的作用。水以海洋、湖泊、河流、涌泉、瀑布、冰川、积雪、云雾等形式呈现于大自然中。

1. 海洋

在现代旅游业中，“三 S”（Sun，Sea，Sand）旅游，即太阳、海洋和沙滩这三者都与海滨有关。

海洋是世界最大的水体，约占地表总面积的 71%。海水中含有钠、钾、碘、镁、氯、钙等多种对人体非常重要的元素。海滨空气对人体健康有利，更有利于创伤、骨折等疾病的康复。海滨空气中的氧和臭氧含量较多，而且少灰尘，空气清新，太阳的紫外线较多。由于水的比热大，缩小了气温变化的幅度，故海滨地带温差小，环境比较舒适。海滨的沙滩、岩石和海底的珊瑚及水中的鱼类等有很高的观赏价值。海滨宜于开展观景、疗养、度假和海浴、驶船、帆板、冲浪、潜水、垂钓等多种体育运动以及品尝海鲜等，故海滨多成为旅游胜地，尤其在气候适宜、阳光充足的地中海沿岸、夏威夷、加勒比海、东南亚以及中国的大连、青岛、厦门、北海、海南等，都成为著名的避暑、疗养、休假和水上活动胜地。

2. 湖泊

湖泊是陆地上洼地积水形成的水域宽阔的水体，也是陆地上最大的水体。中国湖泊分布具有范围广而又相对集中的特点。主要分布在东部平原和青藏高原，其次为云贵高原、蒙新地区和东北地区。

按成因，湖泊可分为河迹湖、构造湖、冰川湖和风蚀湖等。依据湖水的矿化度分为淡水湖、咸水湖和盐湖。其成因不同，特点也各异。

河迹湖系因河流改道而形成的湖泊，经常成为河流的自然调节水库，水质一般为淡水。中国五大湖——鄱阳湖、洪泽湖、洞庭湖、太湖、巢湖多为河迹湖。构造湖系因地质活动而形成的湖泊，一般湖水较深。云贵高原较大的湖泊多为构造湖，滇池、抚仙湖、洱海、泸沽湖等均为构造湖。堰塞湖系因山崩、火山熔岩、泥石流等堵塞河道而形成。东北地区分布较多。镜泊湖是中国最大的堰塞湖，其它如五大连池也是火山熔岩堵塞河道的结果。海迹湖是古海湾封闭而成的湖泊，称为潟湖（旧称泻湖）。太湖和杭州西湖是比较典型的潟湖。

冰川湖和风蚀湖分别由冰川冲击和强风侵蚀所形成，分布在内蒙古、新疆地区的多为淡水湖。在气候干旱的内陆较易形成咸水湖或盐湖。青海湖是中国最大的咸水湖。

湖泊水天一色，视野开阔，使人心旷神怡，可开展驾舟驶帆、垂钓游泳、品尝水鲜等多种水上活动。湖区还有冬暖夏凉的特点。

3. 江河

江河是地球的血脉，重要的水源，也是交通大动脉，人类文明的发源地。中国是多河川的国家，大小河流总长度在 42 万千米以上。地理学上按流向把河流分为内流河和外流河两大类，一条河流可分为河源（源头）、上游、中游、下游和河口五段，不同河段有不同的形态和景观。现代旅游开发学根据河流的观赏价值和开发价值，把可供开发的河段分为风景河段和漂流河段。

（1）风景河段

是指水质好，两岸景色优美、奇特的河段，即“山清水秀”。如长江三峡（瞿塘峡、巫峡和西陵峡）和桂林漓江。

(2) 漂流河段

漂流河段除了“山清水秀”外，还应具备以下三个条件：①水流速度快；②安全系数大；③水温适中。

钱塘江及其上游新安江、中游富春江也是重要的旅游水道。此外，我国东北的鸭绿江、黑龙江、贵州的马岭河、长江、黄河的上游等都开展了一些旅游项目。

4. 瀑布

瀑布是指河床纵断面上陡坎悬崖处倾泻下来的水流，是河床不连续的结果。瀑布是陆地上最活跃、最生动、最壮观的水景。瀑布跌落的形态、磅礴的声势及阳光照映出的缤纷色彩，具有极高的美学观赏价值。流量、落差和宽度是评价瀑布景观的标准。

世界著名的瀑布有：尼亚加拉大瀑布（总宽1240m、高约50m）、维多利亚大瀑布（宽1800m、高122m）。

中国瀑布的分布是南方多于北方，东部多于西部，以西藏、四川、云南、贵州、湖南、广西、广东、福建、台湾、江西、浙江、安徽等省区为多，其中以贵州、台湾数量最多。

黄果树瀑布、壶口瀑布和吊水楼瀑布素称中国三大瀑布。

四川九寨沟瀑布和海螺沟冰瀑、浙江雁荡山的大龙湫瀑布、广西的德天瀑布、云南石林大叠水瀑布均有很高的观赏价值。

5. 泉

泉是地下水的天然露头。泉的分类很多，根据泉的温度差异，分为沸泉、热泉、中温泉和冷泉；根据所含的矿物质和化学成分不同，泉可分为单纯泉、碳酸泉、硫酸盐泉、硫黄泉、盐泉、铁泉等多种类型；泉出露地表时形态多样，由此可分为涌泉、间歇泉、爆炸泉和冒气泉等。

中国是个多泉的国家，以西藏、云南、广东、福建、中国台湾的温泉最密集，占全国总数的60%以上。泉水出露的地方植物繁茂，环境优美，有良好的小气候，大部分泉水还具有医疗功能，多成为旅游和休养、疗养胜地。

三、生物景观

生物是自然风景中非常活跃的因素。古人云：风景以山为骨骼，以水为血脉，以草木为毛发，以云岫为服饰。又云：山得水而活，得草木而华，得烟云而秀媚。

动植物是形成自然风景的水平地带性和垂直地带性的主要原因，各纬度带和高度不同的地区，动植物种类和生长状况完全不同。植被种类的分布与生长周期随着海拔高度和地域变化而变化。生物种类可以决定不同地区的自然景观基调。

1. 植物景观

植物从观赏角度，可分为观花、观果、观叶、观枝形、观冠形等几种。中国已公布的一类保护植物8种，二类保护植物147种，三类保护植物212种。金花茶、银杉、桫椤（树蕨）、珙桐、水杉、人参、望天树和秃杉属一类保护植物。中国的传统审美中，常把植物拟人化，赋予植物一定的性格特征，如“松、竹、梅”为岁寒三友，“梅、兰、竹、菊”为四君子等。

2. 动物景观

动物能增加风景的自然气息。根据动物的美学特征，可把动物分为观形动物、观色动物、观态动物和听声动物。一类保护动物中的大熊猫、金丝猴、白鳍豚、白唇鹿被称为四大国宝动物。在自然环境中，迁徙动物的活动（如鸟类）也能构成独特的自然景观。

四、气象、气候和天象景观

1. 气候

气候是指某一地区多年天气状况的综合，不仅包括该地相继稳定发生的天气状况，也包括偶尔出现的极端天气状况。气候是自然地理环境结构及其特征形成的主导因素，是地表千差万别的自然景观形成的主导因素。气候的差异性及其分布规律，造成自然地理环境及人文地理环境的差异性，同时决定着自然地理环境，影响着人文地理环境的分布规律。

① 宜人气候　宜人气候是指人们无须借助任何消寒、避暑的装备和设施，就能保证一切生理过程正常进行的气候条件。气候的组成要素包括：气压、气温、湿度、风力、降水、日照等。各种气候对人体的生理影响是综合性的，不同气候要素的组合会对人体产生不同的生理影响。

气候是否宜人主要取决于使人感到舒适的气温、湿度和风效三项指标，目前国际上主要以舒适指数和风效指数为指标来进行定量评价。舒适指数与风效指数，是从气候资源角度论证某一风景区的开发价值和比较同类风景区旅游价值的依据之一。适于旅游的季节时间越长，价值越高，反之越低。具不具备“宜人的气候”条件及其条件持续时间的长短，是风景区开发的先决条件，也是旅游季节长短的决定条件。因此，气候资源不仅存在于以优越的气候条件为主要吸引力的消寒避暑胜地，而且是任何一个旅游环境必不可少的重要构成因素。如地处热带的海南，长夏无冬，是我国冬季避寒的最佳场所，而四季如春的昆明，终年适宜旅游。

宜人的气候除与时间的变化（季节的变化）有关系外，与空间的变化也有关系。在水平地带结构中，宜人气候分布在中、低纬度上的湿润气候与半湿润气候区内，尤以海滨、岛屿地区最佳。在山区垂直地带结构中，宜人气候分布的上、下限因地而异，据分析，山区的宜人气候以中、低山为主，在低纬度高山区可达到中山以上。世界各国及我国的著名避暑胜地大都分布在中、低山。此外，众多的内陆水面（内海、湖泊、水库）沿岸地区，也分布着宜人的小气候。如我国的12个国家旅游度假区都分布在山地及海滨、湖滨地区，见表2-1。

② 极端气候　一些极冷、极热、极干燥的天气。

2. 气象

气象是地球外围大气层中经常出现的大气物理现象和物理过程的总称。它包括：冷、热、干、湿、风、云、雨、雪、霜、雾、雷、电、虹、霞、光等。气象景观是构成天气、气候的最基本的要素，气象是瞬息万变的，在特定环境下也能构成各种美的意境。在我国各风景名胜区内，以云、雾、雨、雪命名的佳景颇多。

① 云海　是水汽在高空大气层中的凝结物。云海多出现在中高山，一般发生在午夜或早晨。许多名山都有壮观的云海景观。如黄山、泰山、峨眉山、阿里山等。

② 雾　雾是水汽在低层大气中的凝结物。雾能赋予自然风景一种朦胧的美，让人产生遐想。

③ 冰雪、雾凇　这是在寒冷季节或高寒气候区才能见到的气象景观。冰雪、雾凇也是居住在热带、亚热带的旅游者向往的景观。

表 2-1　中国国家旅游度假区类型

度假区名称	所属省、市	地理位置	度假区类型
金石滩	大连市	黄海海滨	海滨型
石老人	青岛市	黄海海滨	海滨型
苏州太湖	苏州吴县	太湖湖畔	湖滨型
无锡太湖	无锡市	太湖马山半岛	湖滨型
横沙岛	上海市	长江入海口	海岛型
之江	杭州市	山前河畔	山地型
湄州岛	福建省	东海沿岸岛屿	海岛型
武夷山	福建省	武夷山梅溪河畔	山地型
南湖	广州市	南湖湖滨区	湖滨型
亚龙湾	海南三亚市	南海海滨	海滨型
银滩	广西北海市	南海北部湾海滨	海滨型
滇池	昆明市	滇池之滨	湖滨型

3. 天象

① 佛光、蜃景　佛光和蜃景均是大气中光的折射现象所构成的奇幻景观。佛光出现的原理与雨后天空上的彩虹是一样的，都是云层将雾气水滴对阳光折射后分离的七色光反射到人眼中的景观。佛光又称宝光，我国除峨眉山外，庐山、泰山、黄山都出现过佛光。

② 日出、日落与霞　日出、日落的壮丽景观，是由于大气折射作用产生的蒙气差的突变，所造成的硕大、椭圆的太阳光盘跃然而出而没的动态，以及衬托太阳的彩云霞光。日出、日落美景是晨昏时刻，太阳于地平线上升起或沉下的两个顺序截然相反的景观变化过程，然而美妙的情景是相似的。观赏日出和日落的最佳观景点在可以见到地平线的海滨和前无视线障碍的中低山地峰顶。

霞是斜射的阳光被大气微粒散射后，剩余的色光映照在天空和云层上所呈现的光彩，多出现在日出和日落的时候。

此外，月色、极光、流星雨等也有一定的观赏价值。

第二节　人文景观

人文景观是指历史遗迹、古建筑及工程、古典园林、宗教、文化艺术、民俗风情、物产饮食等古今人类活动的文化成就。

一、历史遗迹和文物古迹

历史遗迹指人类活动的遗迹、遗物和发掘的地址。它是民族、国家历史的记录，反映了历代的政治、经济、文化、科技、建筑、艺术、风俗等特点和水平，具有重大的历史价值和观赏价值。

1. 古人类及古生物遗址

如北京周口店北京猿人遗址、西安半坡遗址、云南元谋猿人遗址、三峡大溪文化遗址、云南禄丰恐龙发掘遗址等。

2. 古城遗址

古都及历史文化名城留下了大量古城、古建筑或古城墙遗址。

3. 古战场遗址

如赤壁之战遗址。

4. 名人遗迹

(1) 帝王陵墓

国外著名的有埃及的金字塔、印度的玛哈·泰姬陵等，中国的帝王陵墓中保存较完整的有西安秦始皇陵、南京明孝陵、陕西乾陵、明十三陵、清东陵、清西陵等。陵墓的形式往往与丧葬方式、丧葬习俗和当时的文化经济有关。

(2) 名人墓地、故居、题刻、诗词和典故等

如南京中山陵、孔子墓、岳飞墓、聂耳墓、包拯墓、毛泽东故居、蒋介石故居、周恩来故居、鲁迅故居等。

5. 近代重要史迹

指近代人民反帝、反封建斗争遗址及新民主主义革命遗址，如广东虎门炮台、林则徐销烟遗址、武昌辛亥革命军政府旧址、云南陆军讲武堂等，井冈山、延安、遵义等革命纪念地也保存了大量的革命史迹。

二、古建筑及工程

1. 古代建筑

(1) 宫廷建筑

中国历史上曾出现过许多规模宏伟的宫廷建筑，现保存完好的有北京的故宫、沈阳的故宫。

(2) 礼制建筑

用于祭祀天地的天坛、地坛，反映人的宗族关系、崇拜祖先的家庙或宗祠如太庙、祠堂，奉祀圣贤的庙，如孔庙、文庙、岳庙，以及祭祀山川神灵的岱庙等，都属礼制建筑。

(3) 古代桥梁

中国古代的桥有拱桥、梁桥、廊屋式桥（风雨桥）、索桥、藤桥、溜索等类型。

2. 古代工程

(1) 长城

长城被称为中国人文景观第一景，是人类社会军事斗争发展到一定阶段的产物，是为了加强战斗力而修筑的防御军事工程体系，同时也具有进攻的作用。中国的长城最早出现于公元前 7 世纪的西周，后来春秋时期、秦代、汉代、明代等时期均进行过长城的修筑。长城是中华民族勤劳、智慧和坚强、勇敢的象征，具有重大的历史价值和旅游开发价值。

(2) 京杭大运河

全长 1794km，南北贯穿京、津、冀、鲁、苏、浙六省市，沟通了钱塘江、长江、淮河、黄河、海河五大水系，为世界最长的人工运河。

(3) 都江堰

是战国末期由李冰父子主持修建的。这一水利工程发挥了分洪减灾、引水灌溉及航运等效益，使成都平原能有“天府之国”的美誉，经过历代的加固和维修，现在仍然在发挥着作用。

(4) 灵渠、坎儿井

灵渠又名湘桂运河，位于广西兴安县境内，分为北渠和南渠，全长34km，是秦始皇为发兵岭南运输兵员粮饷，命史禄主持修建的，灵渠沟通了珠江和长江两大水系。坎儿井是新疆地区利用暗渠灌溉的水利工程。

此外，还有很多园林建筑，有专门的论著，本书不再赘述。

三、古典园林

世界古典园林可分为以下三大系统。

1. 中国系统（东方园林）

中国系统以中国园林和日本园林为代表，是自然式风景园林的典型之作，构景要素多采用自然式布局，园内配置的植物以自然式种植为主，保持自然生长状态，水池和道路采用自然流畅的曲线形。

2. 欧洲系统

欧洲系统是规则式园林的代表，起源于古希腊，成熟期以意大利文艺复兴后的台地园和法国17世纪的勒·诺特尔园林为代表，所有构景要素均采用规则对称的布局，水池为规整的几何形，道路为折线形和直线形，植物多整形修剪为各种几何形体。

3. 中西亚系统（伊斯兰园林、回教园）

中西亚园林分布在中东、西班牙和印度等国家和地区，为规则式园林，用水渠或道路垂直相交把全园等分为四个部分（故又称为“四分园”或“田字园”），交叉点上布置喷泉或水池，依靠地沟和暗渠灌溉，用五色石子铺地，形成具有伊斯兰风格的图案，植物进行整形修剪，用花丛、树丛、绿篱对称点缀在传统建筑的外侧。

四、宗教文化和艺术

宗教是一种信仰，也是一种文化现象。宗教活动、宗教建筑、宗教艺术都是人文景观资源。根据宗教的历史及传播范围，把宗教分为原始性宗教、地区性宗教和世界性宗教三大类。原始性宗教主要表现为图腾崇拜，地区性宗教在某一个地区或民族中形成和传播，世界性宗教在全世界都有传播，佛教、伊斯兰教和基督教传播范围广，信徒众多，被称为世界三大宗教。对中国文化影响较大的主要是佛教、道教和伊斯兰教。

1. 佛教

佛教发源于古印度，于东汉年间传入中国。由于传入的时间、途径、地区和民族文化、历史背景的不同，佛教在中国形成三大系，即汉地佛教（汉传佛教、大乘佛教）、藏传佛教（喇嘛教）和南传上座部佛教（小乘佛教）。

大乘佛教主张利己与利人并重，要普度众生，小乘佛教以自我解脱为宗旨。寺庙是佛教的宗教建筑，由于受到教义和当地传统建筑风格的影响，形成自己的特色，具有较高的美学观赏价值。

(1) 汉地佛教寺庙

分布在全国大部分地区，重要殿堂和佛像大都布置在中轴线上，主要有天王殿、大雄宝殿、观音殿、钟鼓楼、藏经阁等，大雄宝殿是主殿。

(2) 喇嘛庙

主要分布在藏族地区，在建筑群体上没有中轴线，主体建筑为佛殿和扎仓，单体建筑的经堂、佛殿、僧舍为木柱支撑，密檐平顶的碉房式建筑。

(3) 小乘佛教寺庙

分布在云南德宏州和西双版纳州。主要特点是：没有明显的庭院和中轴线，以塔为主或以释迦佛像为主，与殿堂相配合，周围分散布置房屋。

此外，石雕、彩塑、壁画、石窟等佛教艺术也有较高的观赏价值。中国重要的佛教石窟有敦煌莫高窟、洛阳龙门石窟、大同云冈石窟、天水麦积山石窟、四川大足宝顶山和北门石窟、新疆喀孜尔千佛洞等。凿于唐代的乐山大佛通高 71m，为世界最大的佛教石雕像。

2. 道教

道教是中国土生土长的宗教，产生于东汉时期，首创者是张道陵，尊老子为道祖，以《道德经》为经典，逐渐发展，形成正一、全真两大派。

道教建筑与佛教建筑非常相似，但以墙壁、柱子、门窗等皆用红色为特点，外墙有阴阳八卦轮的标志，主要殿堂为三清殿（如昆明黑龙潭）。江西龙虎山和贵溪县的天师府、湖北武当山是比较大的道教道场，山西太原龙山石窟是中国主要的道教石窟。福建泉州清源山老君岩（高 5.1m）为道教最大的石雕像。

3. 伊斯兰教

伊斯兰教最早于隋末唐初经海路传入中国，故我国早期的清真寺多集中分布在广州、泉州、杭州、扬州等沿海城市，后来伊斯兰教经陆路由西域传入，内地也建造了大量清真寺，我国的伊斯兰教徒主要集中分布在西北地区。清真寺是穆斯林聚众礼拜的场所，又称礼拜寺，清真寺是典型的阿拉伯风格建筑，结构严谨，由礼拜大殿、梆歌楼、望月楼、浴室、讲堂、阿訇办公居住用房组成，礼拜大殿是主体建筑。中国的清真寺要求坐西朝东，以面向伊斯兰教圣地麦加，清真寺内不供奉神像。

另外，基督教、天主教在中国也有传播。

五、民俗风情

民俗即民间风俗，是一个国家或民族中民众所创造、享用和传承的生活文化。民俗可分为物质民俗、社会民俗、精神民俗和语言民俗四个部分。它既包括显而易见的建筑（民居）、服饰、饮食、礼仪、节庆活动、婚丧嫁娶、文化娱乐、乡土工艺等，又包括需要细心观察、深入体会的思维方式、心理特征、道德观念、审美趣味等。民族不同是形成民风民俗差异的关键，但由于历史和地理等因素的作用，同一民族若分布广泛，不同地区的成员之间在习俗上也可能产生某些差异；而不同民族如果长期共同生活于一个地区，这种差异会逐渐有所削弱。

1. 民居

由于受气候、地形等自然地理因素及文化、经济发展水平等影响，民居较其它建筑更具有鲜明的地方性和民族性，建筑的材料、结构形式、装修和风格等都表现出这一特点。有代表性的民居主要有以下几种。

(1) 四合院

四合院以北京民居为代表，分布在华北、东北地区。在布局上受宗教礼法支配和冬季寒冷气候的影响，房屋南向，在南北纵轴线两侧对称地布置房屋，一般为三进院落。大门开在东南角或西北角。入门建影壁，坐南朝北的正房称南房（倒座房），自前院纵轴线上的二门进入面积较大、作为全宅核心的正院。坐北朝南的北房为正房，是全宅中最高大、质量最好的房屋，供家长起居、会客和举行礼仪活动之用。从东耳房夹道进后院，有一排房称罩房，供老年妇女居住和存放东西之用。大型住宅在二门内，以两个或两个以上的四合院向纵深方向排列。更大的住宅在左右或后院建有花园。四合院在抬梁式木构架外围砌砖墙，屋顶式样以硬山居多。墙壁和屋顶都比较厚重，并在室内设炕床取暖。在色调上，一般以灰青色墙面和屋顶为主，而大门、二门、走廊与主要住房处施彩色，在大门、影壁、墀头、屋脊等砖面上加若干雕饰。

(2)“四水归堂”式住宅

“四水归堂”式住宅，分布在江南，平面布局同北方的“四合院”大体一致，只是院子较小，称“天井”，仅作排水和采光用。因为各屋面内侧坡的雨水都流入天井，所以称“四水归堂”。这类民居墙壁底部为石板墙，上部为砖墙或竹抹灰墙，墙面多刷白色，并有各种各样防火山墙，屋顶铺小青瓦。青瓦、粉墙，使住宅显得素雅明净。

(3)“一颗印”式住宅

分布在云贵高原，原则上与“四合院”大致相同，只是房屋转角处互相连接，组成一颗印章状。“一颗印”住宅平面布局虽然单调，但多数楼居、正房与厢房大小、高低颇有变化，构成独具风采的建筑形体。

(4) 黄土窑洞

在黄土高原地区，人们利用黄土层厚、质地均一、壁立不倒的特性，沿水平方向挖出拱形窑洞。这种住宅节省建筑材料，施工技术简单，冬暖夏凉，经济适用。

(5) 干阑式住宅

分布在我国西南地区，为傣、景颇、壮族常见住宅形式。干阑是用竹、木等构成的楼房。它是单栋独立的楼，底层架空，用来饲养牲畜或存放东西，上层住人。这种建筑有利于隔潮、通风、防盗、防虫、蛇、野兽的侵扰。

(6) 碉房

藏族地区的一种住宅形式，分布在藏、青、甘、川地区。因本区域雨量稀少，石材丰富，故外部用石墙、内部用密梁构成楼层和屋顶，形似碉堡。碉房一般2～3层，底层养牲畜，楼上住人。在造型上，由于善于结合地形，房屋高低错落，朴实优美，富于变化。

此外，客家土楼、蒙古包、木楞房、阿以旺等都是有特色的民居建筑。

2. 服饰

民族服饰是民族文化中最易被人觉察、最具有魅力的方面之一。民间服饰主要包括下述四类：第一类是衣着，第二类是各种附加的装饰物，第三类是对人体自身的装饰，第四类是具有装饰作用的生产工具、护身武器和日常用品。服饰有五个方面的构成要素：即质、形、饰、色、画。服饰往往是一个民族的标志。我国有56个民族，形成了千姿百态的民族服饰，成为民俗风情中一道亮丽的风景线。

3. 节庆、礼仪、婚嫁、丧葬习俗

民族传统节日可分为时序（岁时）节日、宗教节日、人生历程节日和礼俗、革命节日等。节日期间，会举行一些相应的文体活动。许多民族都有自己独特的婚俗和丧葬习俗。

民俗风情是人文景观中最绚丽多彩、最有特色的部分，它能为旅游者寻求文化差异，扩大知识面，满足猎奇心理，并从中获得美的享受。

六、物产饮食

中国最有特色的传统物产首推丝绸、陶瓷及各种工艺品。中国刺绣驰名世界，苏绣、湘绣、蜀绣和粤绣称为中国的“四大名绣”。工艺品中有雕塑工艺品、金属工艺品、纺织工艺品、漆器工艺品、玻璃工艺品等。

饮食文化是一个国家民族文化的重要部分。中国的饮食文化中以茶文化、酒文化和中国菜最为著名。

中国是最早利用茶的国家，已有4000多年的饮茶历史，我国的茶叶品种极为丰富，有绿茶、红茶、乌龙茶、普洱茶、白茶、花茶、紧压茶等。

由于地区的差异，各地有许多不同的饮茶方式和习俗。如功夫茶、盖碗茶、三道茶、酥油茶等。

酒在我国已有5000多年的历史，酒类丰富，传统酒类主要有白酒、黄酒、果酒、配制酒等。

中国菜为世界著名三大菜系（中国菜、法国菜、土耳其菜）之一，素来以品类丰富，烹饪技艺高超，色、香、味、形俱佳而享誉全球。中国菜肴因地区风味不同，而有四大菜系、八大菜系之说。四大菜系指鲁菜、川菜、淮扬菜、粤菜，上述四种加上闽菜、浙菜、湘菜、徽菜即称“八大菜系”。

另外，各地还有风味菜和各种风味小吃。

七、文化艺术

包括小说、诗歌、散文、绘画、雕塑、戏剧、音乐等形式。不是所有的文化艺术都能成为人文景源，只有当这些艺术作品能激发起旅游动机，为旅游业所利用时，才能成为人文景源。

另外，一些现代化的城市景观和现代工程也可成为新的人文景观资源。

第三章 风景资源调查及评价

风景名胜资源的调查是风景区开发建设的一项重要前期工作，是对风景资源进行考察、勘察、测量、分析、汇总整理的一个综合工作过程。通过对风景资源的调查，对风景资源进行分析评价，将为以后的规划建设提供科学的依据。

第一节 概 述

一、风景资源调查的目的和任务

① 通过风景资源调查，可以全面系统地掌握调查区风景资源的数量、成因、类型、功能和特征分布、规模、组合状况、价值、存在环境、利用现状、开发条件等基本情况，在此基础上对获得的材料进行分析、整理，并作出初步评价，从而为风景资源的评价、旅游管理和规划部门制定风景区总体规划提供具体而翔实的资料，为科学合理地进行风景区的开发建设活动提供客观依据。

② 通过调查，建立风景资源上述各方面的数据库，并联接到区域信息库中，从而起到摸清家底的作用，使区域风景资源的管理、利用和保护工作更趋科学化和现代化。

③ 通过对风景资源的定期调查，及时更改和修正数据库信息，可以使旅游管理部门动态地掌握风景资源的开发利用状态，获得及时、准确的相关信息，对区域经济发展和旅游管理工作有很大的参考价值。

二、风景资源调查的原则

1. 客观性原则

客观性包括真实性和可靠性两方面的意义。真实性要求风景资源调查的结果应当与景区的实际情况相一致；可靠性是指对于调查资料和数据的记录和报告，应当做到不偏不倚，以客观的事实为依据，不受调查人员主观意志的左右，避免错误并减少偏差。必须做到内容真实、数字准确和资料可靠。

2. 科学性原则

调查时应以各类景源存在和发展的客观规律为基础，把握信息的客观性，忌主观臆断；把握信息的全面性，忌依据片面的信息作结论；要尊重被调查资源个体的差异性，有针对性地采取不同的标准和方法。

3. 准确性原则

以严谨、认真的态度对待调查工作，对调查资料和数据进行反复核对和校验，保证准确无误。

三、调查类型与内容

风景名胜资源调查根据不同目的，可分为综合调查和专业调查两大类。综合调查是由多学科、多部门联合对某一地区的总体资源状况及其开发利用的社会经济条件进行全面的调查，是一种区域性的调查。以区域为对象的风景名胜资源综合调查和考察，一般带有普查的性质，它是对一个地区的风景名胜资源包括旅游资源等总体资源进行全面系统的调查，是摸清家底、有计划合理地开发地域资源的一项重要基础性工作。

专业调查是对某一项资源或某一类资源，如分别对泉、溶洞、沙滩、古树名木、文物古迹、河流等进行调查，要求查清这种资源的数量、质量、分布、用途等。另外还有以研究特定理论（如资源评估的类型、指标体系），获取基础资料为目的的学科性调查。以重要开发建设任务为中心的专题性（专业性）调查。随着旅游业的迅猛发展，游人增加，原有的景点、景区接待能力有限。扩充改善老的景区、景点，就显得越来越迫切和重要。如黄山、庐山，已开发可供游览的景区、景点，只占全区的1/3。另外像桂林——阳朔、杭州——千岛湖等风景区也有潜力可挖。通过全面调查，补充发现新的景物、景点，从而为风景区的改建、扩建提供科学依据，而新的风景区的开发全是空白，资源调查任务更重，这就要求从原始资料和第一手调查、勘查做起，全面、系统地查清资源和登记整理，为近期建设和长远发展提供永久性的基础材料和数据。

以理论研究为主要对象的学科性考察，主要是为资源研究和学科的发展提供依据。主要是一些部门、地区或高校的科研机构组织的，我国曾对风景资源分类系统评价指标体系、开发利用模式以及专项资源等的研究作过风景资源调查。

风景资源调查的内容非常丰富，涉及面广，主要包括两大类：一类是直接资源因素的调查，另一类是资源存在环境和开发利用条件的调查。

四、调查的程序和方法

风景资源调查的程序可分为调查准备、组织准备、资料准备、器械准备和技术准备五个阶段。

在进行风景资源调查时，应有一个明确的工作思路，要分析作为旅游者的不同需求，考虑结合开发者的专业角度来进行调查。资料的收集，要注意目的性、可靠性及原始性。但在实际操作时有一定困难。例如：什么资料需要、什么资料无用，在调查工作开始时往往不能十分明确，主要是因为各个风景区的情况都不尽相同，不可能列一个固定的调查格式套用，有些资料往往在规划过程中才发现很需要。其次，各部门提供的材料，如一些地方志、游记文章，常有误差，不准确，前后矛盾或不完整，而有些无意中提到的片言只语，恰恰可能是问题的重要线索。所以在收集汇编时，应尽量保持材料的原始性，包括提供的单位和个人姓名的记录，不必要去任意整理、取舍，经过核查、提炼、修改的工作成果，可以作为总体规划说明书中的一部分内容。这样做的好处是：一是便于保留更多的信息，二是可以提供后阶段规划人员直接参考，不必进行重复调查。材料一经整理，往往由于个人的局限性（包括观点、责任性、知识面、文学水平等）而把许多信息丢掉了。在进行资料调查之前，若原有一些基础材料，应先熟悉这些资料，把一些不完整或有疑问的地方记录下来，重点调查，有些资料只需核实准确性、真实性即可，这样做可避免重复劳动和盲目性，提高工作效率。

实际工作中，风景资源调查的方法主要以下几种：实地勘察、座谈访问、表格调查、遥感航测。

第二节　风景资源调查的内容

风景资源的调查主要包括测量资料，自然地理及社会、经济条件，自然景观，人文景观，存在环境和开发利用条件等。

一、测量资料调查

包括风景区的地形图，各类专业图，如航片、卫片、遥感影像图、地下岩洞与河流测图、地下工程与管网等专业测图。

二、自然地理及社会、经济条件调查

1. 自然地理

包括风景区的地理区位，地形地貌特征，山体水体特征，平均海拔及最高、最低海拔、植被、动物分布情况、地质构造、土壤类型、气候类型等。

2. 社会、经济

包括风景区的历史政区变迁、隶属关系、历史沿革、政区现状、区内城镇及农村人口分布，民族及人数，国民经济基本情况（如年财政收入、国民生产总值、粮食产量），人均收入水平，传统土特产品及产量、矿藏、能源，以及农、林、牧、副、渔情况，土地分类面积统计（如山地、耕地、林区、水面等）和各自所占百分比等。

三、自然景观调查

1. 地貌景观

名山、奇峰、冰山、秀岭、险崖、岩矶、怪石、火山、荒漠、草原、高原、岛屿、盆地、河流、溶洞、石林、珊瑚、化石、冰川、火山遗迹、特殊地质构造、地层典型剖面等。主要调查它们的数量、规模（高度、长度、宽度、面积）、形态、成因、组成、价值、特殊性等。

2. 水文景观

江河、湖、海、溪、池、沼、潭、水库、泉、瀑、潮、涛等静态、动态水景，主要调查其长度、宽度、深度、面积、水量、落差、水质、净度、形态、季节变化、特殊性、与其他景观的配合状况等。

3. 气象、气候及天象景观

云、雾、雨、雪、冰、日、月、星辰、风、极光、佛光、海市蜃楼、冻雨、雾凇等气象和天象景观，以及特殊和优越的气候条件，如夏凉、冬暖、春长、秋爽、垂直气候变化等。主要调查气象气候景观的形态特征、成因规律、季节频率、规模范围、科学价值、美学价值和当地气候因素，如年日照时数、平均相对湿度、最热月和最冷月平均气温、年降雨量分布，以及全年旅游适宜日及起止月。

4. 植物景观

古树名木、奇花异草、珍稀品种、植物群落、林相、季相变化、垂直分布、感应引致等植物景观。主要调查数量、种类、分布面积、范围、树龄、胸径、高度、浓荫覆盖、种质保存、栽植历史、地带区系、森林覆盖率、生态条件等。

5. 动物景观

主要调查珍稀物种的种类、数量、分布范围、栖息地环境及保护情况，以及一些能为景观增色的鸟、兽、虫、鱼等动物。

四、人文景观调查

1. 历史遗迹

古代文化遗址、古墓葬、石窟石刻、历代艺术珍品、工艺美术品，以及其他历史文物，并且要调查其数量、年代、规模、结构、形态、时代背景、历史考证、人物史迹、科学艺术价值、文物保藏与保护等。

2. 古建筑及工程

调查建造年代、时代背景、历史变迁、功能、面积，建筑布局、材料、形式及风格，历史价值及保护情况。

3. 宗教文化及艺术

调查当地居民的宗教信仰、节庆及有关的宗教建筑、宗教艺术情况。

4. 民俗风情

民族生活、异域风情、传统节会、风土人情、民居、服务饮食、民间艺术、传统体育、地方戏曲、神话传说、历史掌故，以及与此相关联的民间轶闻等。主要调查民俗分布、数量类别、生产方式、生活习俗、人物特征、历史渊源、地理环境、宗教信仰、社会艺术价值等。

5. 物产饮食

名优物产、传统土特、工艺制品、名菜佳肴、风味小吃等。主要调查其生产历史、产品的产量和质量特点、制作技艺、声誉销路、人文传说，以及相应的购物中心、超级市场、农贸集市、餐馆酒店、美食中心等设施状况。

五、存在环境和开发利用条件调查

1. 环境质量调查

地质地貌的稳定性、灾害性自然天气、危害性动植物、旅游气候、环境卫生、污染情况等。主要调查景观自然环境的地质地貌和气候状况、活动性火山、地貌、滑坡、岩崩、泥石流、冰川、危害性暴雨、洪水、台风、海啸、雪崩、云雾出现的次数、季节、频率、范围、危害；危害性野兽、有毒昆虫、动植物种类、数量、生态特点、出没范围、危害程度等；环境气候指数、旅游舒适程度、地方病、多发病、传染病、流行病的分布、萌发诱因、环境介质、工业和生态环境污染源，“三废”排放的物质、数量、处理率，对环境和健康的危害程度及放射性、电磁辐射、声波等污染危害情况。

此外，还包括自然及人文景观的空间分布范围，所在环境的空间特征，地形边界等。

2. 开发利用条件调查

（1）基础设施条件

包括内外交通、水电供应、邮电通信等。主要调查景区内外交通联系的主要方式、工具，机场、车场、港口、码头的位置及分布，里程距离、路况、等级、运输现状和能力，给水、排水、能源、电力、邮电、通信等市政设施的规模、能力、分布、需求平衡状况等。

（2）经济条件

包括旅游业基础、客源市场、旅游经济效益、用地建设条件、景区组织、经济合理性等。主要调查风景区发展的历史基础、开发利用程度、现状水平、游客接待量、旅游经济收入、客源市场区位、与相邻地区旅游业的关系、旅游建设用地的工程水文地质条件、景点分布状态及离散、集中程度，开发的总体经济可行性等。

(3) 不利条件

如景区内存在的多发性气候灾害，突发性灾害以及其他不利因素进行调查。

3. 相邻地区相关资源调查

(1) 调查景区与相邻区风景资源类型的异同及质量差异，在比较中寻找出调查区的优势、不足和特点，为制定开发重点提供依据。

(2) 调查景区与相邻区风景资源的相互联系及所产生的积极和消极影响。

(3) 调查景区的风景资源在所属区域中的层次和地位。

六、调查的基础资料汇编

① 测量资料　地形图、航片、卫片、影像遥感及各类工程专业图。

② 自然与资源条件　气象、水文、地质、自然资源的开发利用及保护。

③ 人文与经济条件　历史与文化、人口资料、行政区划、经济社会及相关规划资料、企事业单位现状及发展、风景区发展及管理等资料。

④ 设施与基础工程条件　交通运输，旅游设施，水电、环保、环卫、防灾等基础工程的现状及发展资料。

⑤ 土地与其他资料　土地利用、建筑工程及环境资料。

风景资源调查的详细内容汇总详见表 3-1。

表 3-1　基础资料调查类别表

大类	中类	小　类
一、测量资料	1. 地形图	小型风景区图纸比例为 1/2000～1/10000 中型风景区图纸比例为 1/10000～1/25000 大型风景区图纸比例为 1/25000～1/50000 特大型风景区图纸比例为 1/50000～1/200000
	2. 专业图	航片、卫片、遥感影像图、地下岩洞与河流测图、地下工程与管网等专业测图
二、自然与资源条件	1. 气象资料	温度、湿度、降水、蒸发、风向、风速、日照、冰冻等
	2. 水文资料	江河湖海的水位、流量、流速、流向、水量、水温、洪水淹没线；江河区的流域情况、流域规划、河道整治规划、防洪设施；海滨区的潮汐、海流、浪涛；山区的山洪、泥石流、水土流失等
	3. 地质资料	地质、地貌、土层、建设地段承载力；地震或重要地质灾害的评估；地下水存在形式、储量、水质、开采及补给条件
	4. 自然资源	景源、生物资源、水土资源、农林牧副渔资源、能源、矿产资源等的分布、数量、开发利用价值等资料；自然保护对象及地段
三、人文与经济条件	1. 历史与文化	历史沿革及变迁、文物、胜迹、风物、历史与文化保护对象及地段
	2. 人口资料	历来常住人口的数量、年龄构成、劳动构成、教育状况、自然增长和机械增长；服务职工和暂住人口及其结构变化；游人及结构变化；居民、职工、游人分布状况
	3. 行政区划	行政建制及区划、各类居民点及分布、城镇辖区、村界、乡界及其他相关地界
	4. 经济社会	有关经济社会发展状况、计划及其发展战略；风景区范围的国民生产总值、财政、产业产值状况；国土规划、区域规划、相关专业考察报告及其规划
	5. 企事业单位	主要农林牧副渔和教科文卫军与工矿企事业单位的现状及发展资料；风景区管理现状

续表

大类	中类	小　类
四、工程条件设施与基础	1. 交通运输	风景区及其可依托的城镇的对外交通运输和内部交通运输的现状、规划及发展资料
	2. 旅游设施	风景区及其可以依托的城镇的旅行、游览、饮食、住宿、购物、娱乐、保健等设施的现状及发展资料
	3. 基础工程	水电气热、环保、环卫、防灾等基础工程的现状及发展资料
五、土地与其他资料	1. 土地利用	规划区内各类用地分布状况，历史上土地利用重大变更资料，土地资源分析评价资料
	2. 建筑工程	各类主要建筑物、工程物、园景、场馆场地等项目的分布状况、用地面积、建筑面积、体量、质量、特点等资料
	3. 环境资料	环境监测成果，三废排放的数量和危害情况；垃圾、灾变和其他影响环境的有害因素的分布及危害情况；地方病及其他有害公民健康的环境资料

资料来源：《风景名胜区规划规范》，1999

第三节　风景资源的评价

一、评价的意义

要使风景区投入经济运行，必须经过三个重要的环节：

① 风景资源的调查和评价；

② 风景区的规划建设；

③ 风景区的经营管理。

风景资源的调查和评价是整个开发过程中的首要步骤和基础。风景资源的评价将为以后的规划建设提供科学的依据，可以扬长避短，对风景资源进行有针对性的合理开发。

二、风景资源评价的任务

在全面调查风景资源的基础上，对区内的自然、人文景观的价值特征，环境氛围及开发利用的社会经济条件，进行分类及综合的评定，从而为风景资源的合理开发利用和规划建设提供科学的依据。

风景资源的综合评价是一项极其复杂的工作。它涉及自然、历史、地理、气候、经济、科学、技术、文学、艺术等各个方面。因此必须充分依靠各个领域的资料和成果，同时评价者必须具备较高的综合知识素质，才能保证评价工作的水准。

三、风景资源评价的依据和因素

1. 风景资源评价依据和指标

风景资源分类及构成要素（表 3-2）。这是资源评价的一个重要依据和基础，所有的风景资源都是由山石、水体、生物、气候、建筑及工程、文化、民俗、物产、社会经济及环境等十个要素构成。评价必须以此为依据而展开。将景观资源划分为结构、种类和形态三个层次，各层举例如下：

结构层——景物→景点→景群→景线→景区→风景区→风景区域

↓

种类层——天景——地景——水景——生景——园景——建筑——风物

↓

形态层——泉井——溪涧——江河——湖泊——瀑布——滩涂——海湾——潭池

表 3-2 风景资源分类表

大类	中类	小类
一、自然景源	1. 天景	(1)日月星光,(2)虹霞蜃景,(3)风雨阴晴,(4)气候景象,(5)自然声象,(6)云雾景观,(7)冰雪霜露,(8)其他天景
	2. 地景	(1)大尺度山地,(2)山景,(3)奇峰,(4)峡谷,(5)洞府,(6)石林石景,(7)沙景沙漠,(8)火山熔岩,(9)蚀余景观,(10)洲岛地礁屿,(11)海岸景观,(12)海底地形,(13)地质珍迹,(14)其他地景
	3. 水景	(1)泉井,(2)溪流,(3)江河,(4)湖泊,(5)潭池,(6)瀑布跌水,(7)沼泽滩涂,(8)海湾海域,(9)冰雪冰川,(10)其他水景
	4. 生景	(1)森林,(2)草地草原,(3)古树古木,(4)珍稀生物,(5)植物生态类群,(6)动物群栖息地,(7)物候季相景观,(8)其他生物景观
二、人文景源	1. 园景	(1)历史名园,(2)现代公园,(3)植物园,(4)动物园,(5)庭宅花园,(6)专类游园,(7)陵园墓园,(8)其他园景
	2. 建筑	(1)风景建筑,(2)民居宗祠,(3)文娱建筑,(4)商业服务建筑,(5)宫殿衙署,(6)宗教建筑,(7)纪念建筑,(8)工交建筑,(9)工程构筑物,(10)其他建筑
	3. 胜迹	(1)遗址遗迹,(2)摩崖题刻,(3)石窟,(4)雕塑,(5)纪念地,(6)科技工程,(7)游娱文体场地,(8)其他胜迹
	4. 风物	(1)节假庆典,(2)民族民俗,(3)宗教礼仪,(4)神话传说,(5)民间文艺,(6)地方人物,(7)地方物产,(8)其他风物

资料来源:《风景名胜区规划规范》, 1999

结构层是风景资源的地域单元结构的表现形式。组成风景资源的单元可划分为这七个层次，它们形成了不同层次、级别和范围的资源系统，据此，相对应地作层次分析评价。风景资源指标分为综合、项目、因子三个层次，不同层次的评价指标对应不同的评价客体（表3-3）。

表 3-3 风景资源评价指标层次表

综合评价层次	项目层	权重	因子层	景源层次			权重
				景物①②③	景点①②③	景区①②③	
景源价值 70～80	欣赏特征		景感度 奇特度 完整度				
	历史价值		人文值 年代值 知名度				
	科学价值		科技值 科普值 科教值				
	保健价值		生理值 心理值 应用值				
	游憩价值		功利性 舒适度 承受力				

续表

综合评价层次	项目层	权重	因子层	景源层次			权重
				景物①②③	景点①②③	景区①②③	
环境水平 10～20	生态特征		种类值 功能值 结构值				
	环境质量		要素值 等级值 灾变率				
	环境设施		电能源 工程管网 环保设施				
	监护管理		检测机能 法规配套 机构设置				
利用条件 5	交通通信		方便性 可靠性 效　能				
	食宿接待		能力 标准 规模				
	客源市场		分布 结构 消费				
	运营管理		职能体系 经济结构 居民社会				
规模范围 5	面积						
	体量						
	空间						
	容量						

（来源：根据《风景名胜区规划规范》，1999，修改）

风景资源评价单元应以景源现状分布图为基础，根据规划范围大小和景源规模、内容、结构及其游赏方式等特征，划分若干层次的评价单元，并作出等级评价。在省域、市域的风景区体系规划中，应对风景区、景区或景点作出等级评价。在风景区的总体、分区、详细规划中，就对景点或景物作出等级评价。

风景资源评价应对所选评价指标进行权重分析，评价指标的选择应符合表 3-3 的规定，并应符合下列规定：

① 对风景区或部分较大景区进行评价时，宜选用综合评价层指标；

② 对景点或景群进行评价时，宜选用项目评价层指标；

③ 对景物进行评价时，宜在因子评价层指标中选择。

2. 风景资源的价值因素

这是由风景资源自身的价值特征所决定，是风景资源评价的主要依据，通常包括风景资源的美学观赏价值、历史文化和科学价值、生态价值和经济价值等方面。这些都是资源评价的基本内容和因素。

3. 景源等级划分

风景资源分级标准，必须符合下列规定：

(1) 景源评价分级必须分为特级、一级、二级、三级、四级等五个等级的评价指标；

(2) 根据景源评价单元的特征，及其不同层次的评价指标分值和吸引力范围，评出风景资源等级；

(3) 特级景源应具有珍贵、独特、世界遗产价值和意义，有世界奇迹般的吸引力；

(4) 一级景源应具有名贵、罕见、国家重点保护价值和国家代表性作用，在国内外著名和有省际吸引力；

(5) 二级景源应具有重要、特殊、省级重点保护价值和地方代表性作用，在省内外闻名和有省际吸引力；

(6) 三级景源应具有一定价值和游线辅助作用，有市县级保护价值和相关地区的吸引力；

(7) 四级景源应具有一般价值和构景作用，有本风景区或当地的吸引力。

第四节 评价方法

一、风景资源美学评价方法研究

1. 专家学派（生态学派和形式美学派）

专家学派的指导思想是认为凡是符合形式美的原则的风景都具有较高的风景质量。所以风景评价工作都由少数训练有素的专业人员来完成。把风景用线条、形体、色彩和质地四个基本元素来分析。强调诸如多样性、奇特性、统一性等形式美原则在决定风景质量分级时的主导作用。另外专家学派还常把生态学原则作为风景质量评价的标准。

2. 心理物理学派

该学派的主要思想是把风景与风景审美的关系理解为刺激—反应的关系，把心理物理学的信号检测方法应用到风景资源评价中，通过测量公众对风景的审美态度，得到一个反映风景质量的量表，然后将该量表与各风景成分之间建立起数学关系。所以，心理物理学的风景评价模型可分两个部分：一是测量公众的平均审美态度，即风景美景度；另一部分是对构成风景的各成分的测量，而这种测量是客观的。

3. 认知学派

以上的两大学派都有一个共同的特点，都是通过测量各类构成风景的自然成分（如植被、山体、水体等）来评价风景质量，在评价的标准上各有不同。认知学派则把风景作为人的生存空间、认识空间来评价。强调风景对人的认识及情感反应上的意义；试图用人的进化过程及功能需要去解释人对风景的审美过程。

4. 经验学派

与专家学派相比，心理物理学派和认知学派都在一定程度上肯定了人在风景审美评判中的主观作用，而经验学派则几乎把人的这种作用提到了绝对高度，把人对风景审美评判看作是人的个性及其文化、历史背景，志向与情趣的表现。所以，经验学派的研究方法一般是考证文学艺术家们的关于风景审美的文学、艺术作品，考察名人的日记等来分析人与风景的相互作用及某种审美评判所产生的背景。同时，经验学派也通过心理测量、调查、访问等方式，记述现代人对具体风景的感受和评价，但这种心理调查方法同心理物理学常用的方法不同，在心理物理学方法中被试者只需就风景打分或将其与其他风景比较即可，而在经验学派的心理调查方法，被试者不是简单地给风景评出好劣，而要详细地描述他的个人经历、体会，及关于某风景的感觉等，其目的是为了分析某种风景价值所产生的背景、环境。

二、定性评价

对于区域空间范围大、风景资源种类多、制约因素多的风景区或风景区域，一般采用定性评价的方法。

1. 综合评价

(1) 风景资源的美学观赏价值评价

风景美的评价主要可以分三个层次展开：形式美、时空效应和外形格式。

① 首先是对形式美的分析评价　这主要凭借感官进行。形式美包括景物的形象、结构、轮廓、线条、色彩、光效、音响、嗅味等基本要素，以及由此派生的空间组合、动态变化所产生的时空效应与外形格式。它们的综合给人以感官、心理上的惬意和满足。评价自然山水时，首先是看外形轮廓。如方山、尖山、笔架山、象鼻山等都因形象独特而吸引人。

评价大海、草原和荒漠也同样。它们的美是多元性的，其基本形象、结构，包括轮廓、线条是广阔无垠、整齐一律。但是不含差异的协调一致，会导致观赏者审美感官的疲劳而感到单调乏味。评价海景和草原、沙漠风景，还要寻找、选择那些景观条件多样的风景名胜地或接合点。如果在这些地区内以水平线为主的风景形象中，同时兼具以垂直线为主的山石森林景观，欣赏空间就显得丰富而有吸引力。如普陀山、崂山、北戴河、天山脚下草原就更具美学观赏价值。

风景中的色彩美是极其丰富的。这些色彩主要是由树木花草、岩石、江河湖海、烟岚云霞及阳光作用下构成的。色彩的变化、秩序和节律，正是赋予色彩美感形式以生命力洋溢的征兆。如九寨沟的秋色，在光效作用下绚丽多彩中又具有秩序、节奏，更显迷人。每个景点和风景区都有自己不同的色彩个性，而且四时季节还有不同的色彩组合，评价时应注意色彩的差异性和个性特征，同时还要比较其饱和度和节奏感。

风景中的音响效应也是十分重要的。如泉水叮咚，鸟语蝉鸣，雨打芭蕉，还有细雨潇潇，雷鸣电闪，松涛阵阵等，评价时要对比其特点和差异，同时评定其丰富程度和音响组合节奏性。

自然风景中的动态美是波涛、飞瀑、激流、涌泉以及烟岚、云雾飘动引起的。它是风景美的生气与活力所在。黄山、庐山的“云海”，太湖、洞庭湖的烟波浩渺、渔帆竞渡，长江三峡的激流怒涛，黄果树瀑布的腾云烟雾，钱塘江潮的奔腾咆哮，都是各种形式的动态美，它丰富了景观空间形象，并赋予风景特有的艺术感染力。

朦胧美是动态美的一种表现形式，但又有其自身的内涵。苏轼描写杭州西湖的佳句：“山色空蒙雨亦奇”，正是其特有魅力的写照。朦胧美景，景物若隐若现，模糊虚实，令观者捉摸不定，从而产生幽邃、神秘、玄妙之感，引发遐想。在评价中要分析形成的条件、概率和景观效果。

② 时空效应　是指在一定时间、空间组合条件下所反映出来的不同景观效应。它在不同的时间（有四季景色、昼景、夜景、晨景、暮景等），不同的地点（有仰景、俯景、远景、近景及不同水平角度的位移景致），不同气候（有晴、雨、阴、云、雪、雾）的情况下，同

一景物能够产生出多种不同的景观效果。如黄山风景由于气候的垂直变化，山脚下是亚热带类型，而山腰间是温带类型，山顶上则是寒带类型，呈现：“一山有四季，十里不同天”的景象。人们可以花费较少的时间，欣赏到变化极多的山林绚丽自然景色。景观的季相变化如春天的山樱花、夏天的杜鹃、秋天的红叶，冬天的雪景也给人不同的美感。这些风景的动态美与时间特性（对时间的浓缩和凝聚），反映了时空综合效应所具有的特殊魅力，所以很有观赏价值。

③ 外形格式　是指一定的形式美在一定的空间位置和空间效应下所组成的形象结构。它是建立在对景物的形状大小、距离、方位等一般知觉上的高一级综合知觉和组合结构。不同的形式美，形体、线条、色彩等在一定的空间位置上塑造出不同的外形格式，从而形成了诸如山水风景的雄伟、奇特、险峻、开阔、秀丽、幽深等风格特征。如“泰山雄、峨眉秀”，就是指它们形式美所表征的各自外形格式。同样，桂林山水、杭州西湖以及太湖等也都有其特有的外形格式和风格特征。即使同一类“秀”色，既有峨眉山的“雄秀”、黄山的“奇秀”、庐山的“清秀”、富春江的“锦秀”，又有雁荡山的“灵秀”、武夷山的“神秀”、西湖的“媚秀”、桂林山水的“明秀”，在鉴赏评价中都需要推敲把握。

山水风景美学的评价非常注重空间环境的表现。不同大小、形式的空间环境有着不同的美感意境效果。草原、大海是一种空旷的自然美，它会使人感到胸怀广阔；而峡谷溪涧又使人感到幽深、奇险，是一种小空间特有的自然美。在评价中要作具体分析。

另外，还要对风景美蕴含的社会文化内涵进行分析评价，社会文化内涵是指具体物象所表现出来的人类文明程度。这种程度越丰富、越高，风景美的独特价值也就越大。我国风景在历史发展过程中，深受古代哲学、宗教、文学、艺术的熏陶和影响，富有深厚的文化积淀，经过前人鉴赏、加工、艺术化了的风景美，给观赏游览增加了丰富的内容、情趣和启迪。

(2) 历史文化与科学价值评价

这是景观价值特征的一个重要方面，是非纯观赏性的另一种价值表现。它主要反映景观景物的历史考古价值、文化艺术继承价值和科学研究价值三个方面。

历史文化与科学价值在人文景观资源中广泛存在，在许多自然景观资源中也同样存在，并具有特殊的意义。

① 历史考古价值　主要了解和评定各种文化历史遗迹（包括革命历史文化）的历史年代、史迹内容、代表人物、意义地位、社会影响以及在当今考古、历史研究中的价值。历史遗迹、文物古迹越古老、越稀少，越有代表性，其历史和考古价值也就越高。我国北京周口店古猿人遗址和头盖骨、西安秦皇陵兵马俑、法门寺舍利塔佛祖舍利等就是代表。

② 文化艺术继承价值　主要评价各种建筑、遗迹、纪念地和民族传统习俗、物华技艺，在文化艺术上的继承与发展以及由此反映达到的成就与水平。此外，作为自然风景美、人文美一种补充的优秀神话传说、民间故事、诗歌美术，使景物内容文化内涵更加丰厚充实，文化价值也就愈高。

③ 科学研究价值　主要评价自然和人文景物在形成建造、分类区别、结构构造、工艺生产等方面广泛蕴含的科学内容及科技史上所具有的各种研究价值。例如自然景观中所存在的岩溶、火山、冰川、海蚀等地貌形态以及各种特殊的地质、水文、气候、生物景象，均包含广泛的自然科学知识和研究价值。人文景观中的各种文物古迹、工程建筑、园林艺术、民俗民情，也蕴含着丰富的物理学、化学、冶炼学、数学、工程学、环境学、社会学等科学知识。它们至今在科学技术上仍具有重要的借鉴价值。

在评价景观、景物自身的绝对价值外，还要评价它相对于其他同类型景观景物的特殊性，即绝对价值。需要进行横向类比，以评出价值大小和优劣。

我国自然景观资源和人文景观资源都较丰富，自然、人文景观相互渗透，相得益彰，使我国的风景资源具有较高的艺术价值。在风景美的分析评价中，应充分把握住我国大多数风景区总体构景中这一显著特点。

(3) 资源存在条件评价

① 资源种类要素　主要指组成区域资源要素种类的多少。一个地区旅游资源的吸引力除决定于自身价值特征外，还决定于资源拥有的种类数量及丰富程度。

② 资源规模度与特殊度　这是评价旅游资源价值的又一重要方面。资源规模度指景观景物本身所具有的规模、大小、体量或尺度。不论自然或人文景观，一般均可用长、宽、高这“三维”尺度及由此引申的度量指标进行衡量和评定。资源特殊度是指某一景观景物或某一资源类型，在全国、省区甚至于世界范围内的出现率和奇特程度。中国万里长城以其长度盖冠全球，秦皇陵兵马俑以其恢宏庞大之地下军阵而夺魁世界，珠穆朗玛峰以其海拔高度8848m而雄称世界之巅。这些都是资源规模度和特殊度的突出代表。评价中就是要寻找和揭示资源外在和内在规模标量与特殊程度，发掘它们的博大精深或稀奇古怪，即与众不同的特点与优势。

③ 资源组合条件　指资源要素组合的质量。它包括单个景点的多要素组合形态（景点组合）以及更大范围风景区资源种类的配合状况（要素组合），由此形成了该景点、景区、风景名胜区或旅游区的群体价值特征。

对于一个风景名胜区来说，若自然、人文旅游资源兼备，紧密结合，则要比只有单一种类的风景区优越得多。如若各要素有机配合，形成的空间形态美协调和谐，则其组景质量更佳。黄山“松、石、云、泉”，漓江的“山、水、洞、石”等“四绝”，以及泰山的山、树、古建筑、文化历史，都融汇了各自特有的景象要素，形成了特色各异的资源组合形态和风貌。它们成为这些著名风景区景观价值特征的杰出代表。

在我国的一些风景区中，还存在着一些资源结构要素短缺或不足，如缺水、少树或历史文化内涵欠缺等情况，从而造成资源整体组合质量上的缺陷而使群体特征价值降低。在具体评价时最好分别评比各景区、景点的资源组合状况。因为它和整个风景区的组合要素和质量优劣是可能完全不相同的。只有将两者综合起来，全面比较，才能得出正确结论。

④ 资源集聚度　资源集聚度是指风景区内，可供观赏游览和旅游活动的景点、景物空间分布的集中、离散程度。这是资源存在条件的重要因素之一，也是从宏观、微观经济效益上研究资源开发利用条件的重点依据之一。景点集中则风景区的整体游览欣赏质量水平及吸引力就高，风景区和旅游线路及游览时的组织也就良好合理，交通、管网设施建设布置也就经济节约。一些资源分布区内，虽然有单个景观良好的景点或景物，但由于区域分散，景点分布不集中，致使开发价值陡减，即便开发，也难以形成网络和风景区，社会经济效益也不会好。

(4) 地理环境条件评价

① 气候条件　主要指对生理气候的评价。其中包括气温、日照、降水、湿度、风等要素。气候的舒适性是上述因素综合影响下对人体的生理感应，是旅游点开发和利用价值的重要标志，也是环境氛围数值评价的重要内容，必须深入细致地进行评定。

评价一个地方的气候条件，尚需考虑日照、降水、季节分配等多种因素。只有将这些直接影响舒适度的气候因素，综合加以考察评定，并进行地域间的对比，才能最终判定其优劣。评价在于突出对优势气候条件和因素的分析。

② 植被条件　一个景点不论是自然或人文景观，如周围植被覆盖，绿树成荫，则环境效果就好，能给游人以舒适的享受。因此植被是作为景观环境因素来考虑的。

从生态环境角度着眼，评价植被条件主要是指植被立地条件和植被覆盖率两个方面。

③ 安全性

a. 周围地质、地貌环境的稳定性　主要指区内有无活火山、地震、滑坡、岩崩、雪崩、泥石流、冰川活动等现象及其出现的频率、危害程度和时空分布。

b. 灾害性自然及天气情况　主要指给旅游活动带来灾害和不安全因素的自然及天气情况，如暴风雨、台风、海啸、狂涛、云雾、沙暴以及酷暑、骤寒等。它们出现的季节、天数、频率和影响程度，对所在区景点的开发利用带来直接影响。

c. 危害性动、植物情况　主要指对旅游者造成生命威胁，并妨碍旅游活动正常开展的那些有害动物和植物。如食肉野兽和有毒动植物等。它们的存在和活动状况，直接危及旅游环境的质量和安全性。

d. 卫生健康标准　卫生健康标准的评价，应着重于从疾病地理、环境医学的角度，对影响旅游者健康、旅游地开发的生态要素，环境介质，水、土、气等进行全面分析与评定。

(5) 区域社会经济条件评价

① 区域总体发展水平　一个地区社会经济的发展程度和总体水平，决定居民的出游水平，又决定区内资源开发的影响力。地方性风景资源的开发更加依赖本地区自身的实力。

区域社会经济发展程度及总体水平，包括地区总的和人均国民收入、国民经济及工农业总产值，第三产业发展水平。应当对资源开发的整体社会经济环境，开发需求与可能，开发投入和方式作出科学判断。

② 开放开发意识与社会承受能力　一个地区的改革开放程度和公民的开发意识，是风景区开发的必要前提。它极大地影响着资源开发利用的需求、速度和总体规模，并以社会的承受力大小表现出来。社会承受力因各种因素而变化，它是一定时期内社会开放度与地方传统排他性和容纳吸收性的交接反映。开发必须考虑这种传统与变革的转换，审时度势，适时合理地确定开发时机和强度。

旅游本质上是一种人与人之间社会文化的交流。大量游客引入也带来了异质文化思想和观念，从而引起与地方传统思想文化的交流和撞击。为此，在一些边远少数民族地区，或较为闭塞的经济后进地区，在风景资源开发中要特别注意这一点，并进行这方面的深入调查与分析，选择适当的开发时机，合理的旅游项目内容以及有关政策调适和社会配套工作。这方面如处理不当，会使主观愿望与客观效果得时其反，达不到预定的开发目的。

③ 区域城镇依托及人口劳动力条件　区域内城镇居民点数量、规模和发展水平，对风景资源开发利用的关系极大。强大的中心城镇是旅游业发展的重要依托。各级城镇居民点是旅游基地、服务中心设施布置的凭借。区域人口、劳动力数量、质量及它们的产业构成和转化，是发展旅游的第三产业基础条件。所以必须深入调查了解并作出科学评价。具体包括：a. 区域城镇发展水平；b. 城镇分布与服务设施水平；c. 人口、劳动力的分配与转化。

④ 基础设施条件　包括交通、水、电、能源、通讯等。

⑤ 旅游物产和物资供应条件

a. 基本物资　旅游消费所需要的农副产品，如粮食、禽蛋、水产、水果、蔬菜以及建材等基本生产、生活资料的种类、产量、自给程度、外销率、供应潜力等。

b. 特色旅游商品、土特产品的生产、供应情况　一般来说，旅游者对地区的特色产品很感兴趣。当地有吸引力的农副土特产品或旅游工艺产品，对资源开发尤为有利。

⑥ 资金条件评价　资金条件是风景资源开发建设的直接要素。它既包含有区域社会经济实力等综合方面，又有它自身的特点和意义。在衡定开发利用可行性时，重要的是分析上述这些综合因素转化为现实财政因素的可能性与资金到位情况。开发建设资金的来源与渠道十分广泛，除了国家投入、地方财政拨款以外，引进外资、调动和发挥各个部门、企业、集体和民众的积极性也很重要。

2. 单项评价

(1) 山岳

坡度、绝对高度、相对高度（起伏程度）、植被、山体的轮廓、山体的脉络状况、山顶平地的大小、植被状况及与其他景观的组合等。

(2) 岩石

造型、色彩、分布面积等。

(3) 溶洞

长度、层次和结构、化学堆积物的类型和景观特征、是否有水、水景的类型、地质稳定性、通风条件等。

(4) 水体

① 海洋　晴天的日数、海岸的轮廓线，沙滩的长度、宽度、坡度，海滩后腹地的大小、沙粒的粗细，海水的温度、透明度，浪高，风速等。

② 瀑布　流量、高度（落差）、宽度、跌落的级数、周围的环境条件、与其他景观的组合状况等。

③ 河流　水质（受污染的程度、泥砂含量）、流量、流速、两岸的自然景观和人文景观资源条件等。

④ 泉　水质、矿物质含量、水温等。

(5) 历史遗迹、文物古迹

时代的久远性和稀有性、艺术价值、科研和考古价值、保存的完好程度等。

(6) 民俗风情

民俗特征的地域性、民俗内容的文化性和娱乐性、民俗参与的群众性等。

三、定量评价

1. 打分法

在查清风景资源的基础上，对景点进行筛选，按照资源价值、环境水平、旅游条件和规模设计计算分值，然后每一项目再分解，以每一景点得分多少排队。详见表 3-3。

2. 特尔菲法

又称专家答卷预测法。它是 20 世纪 50 年代初由美国兰德公司创立的。它以问卷的形式对一组选定专家进行征询，经过几轮征询使专家意见趋于一致，从而得到预测结果。这种方法，第一步提出评价体系和要求；第二步选出对本风景区较了解，有一定专业水平的专家；第三步确定专家名额，一般以 40～50 人为宜。

3. 数学分析法

有层次分析法、模糊数学法。

风景资源评价的结论由景源等级统计表、评价分析、特征概括三部分组成。评价分析应表明主要评价指标的特征或结果分析；特征概括应表明风景资源的级别数量、类型特征及其综合特征。评价分析结论汇编入风景区规划文本中。

四、SWOT分析

SWOT分析是在风景资源调查和以上分析评价的基础上，对风景区将来开发建设的优势（Strengths）、劣势（Weaknesses）、机会（Opportunities）、风险（Threats）等进行总体的综合分析评价。

五、资源调查评价报告的编写

资源调查评价报告是风景资源调查的文字总结，具体内容应包括以下几点。

① 风景区的地理区位，行政区划、自然地理、经济及社会概况简介。

② 调查分析风景区内地貌、水文、气候、植被的基本特征。

③ 对可供观赏的自然景观和人文景观进行分类。介绍各景观的分布位置、规模、形态和特征（尽可能附速写、照片、图纸、录像资料）。这是报告的核心部分。

④ 介绍各类景观的组合特征。

⑤ 对景观的美学价值、历史文化价值和科学价值，资源存在条件、地理环境条件及经济条件进行评价。

⑥ 对总体风景资源进行综合评价，并提出初步的开发规划建议。

第四章　风景名胜区规划纲要

第一节　风景区规划的基本理论

一、系统理论

1. 系统理论的基本原理

系统一词，来源于古希腊语，是由部分构成整体的意思。系统是由相互联系的两个或两个以上部分和要素组成的，具有一定结构和功能的有机整体。定义中涉及系统、要素、结构、功能四个概念，表明了要素与要素、要素与系统、系统与环境三方面的关系。系统论的基本思想方法，就是把所研究和处理的对象，当作一个系统，分析系统的结构和功能，研究系统、要素、环境三者的相互关系和变动的规律性，并以系统观点看问题，世界上任何事物都可以看成是一个系统，系统是普遍存在的。

2. 系统理论在风景区规划中的运用

(1) 系统结构的构成

风景名胜区包括三个系统：风景主系统（风景游赏主系统）、旅游辅系统（旅游设施配套系统）、居民辅系统（居民社会管理系统）。

① 风景主系统　风景区域—风景区—景区—景群—景点—景物。

② 旅游辅系统　旅游市—旅游城—旅游镇—旅游村—旅游点—旅游部。

③ 居民辅系统　省辖市—县级城市—建制镇—居民村—居民点—居民组。

(2) 规划指导

风景名胜区规划的内容涉及的学科范围广，组成要素复杂，各规划人员来自不同的专业背景，在规划过程中应具有系统的思维，规划编制过程需要系统理论贯穿始终。

二、环境伦理学（生态伦理学）

伦理学是研究人类社会道德现象的科学。环境伦理学是一门介于伦理学与环境科学之间的新兴的综合性科学，是研究人类与自然环境之间道德关系和行为规范的科学。人类对自然和自然资源的认识从“人类中心论”发展到“生物中心论”，后来提出“深层生态学”的概念。环境伦理观主要有以下三个核心内容。

① 环境伦理学主张人与自然和谐共处，人与自然平等，人不仅是天地之秀，万物之灵，还应是大自然的良知和神经，是地球利益的代言人和其他物种的道德代理人。人类、自然界的其他生物以及生态系都有生存的权利。人类应该承认地球上其他生物的生存权。人类的存续和发展有赖于地球为人类提供的适宜的生存环境，自然系统的结构和功能多样性。人类对不可再生资源的开发和利用，只会消耗，而不可能保持其原有储量或再生。基于地球的有限性，人类必须提倡可持续的生产生活方式。

② 人类作为其他物种的道德代理人，尊重非人类物种的生存权利和生态安全是人类生态文明的新进展。人类应该保护其他生物及其生存环境，并负有道德责任。

③ 人类对生物的生存权负有法律责任。

环境伦理学对风景区的生态旅游规划的指导主要体现在以下几方面：

① 规划者要有正确的环境伦理观，树立人是生态系统中平等一员的观念，尊重自然；树立资源有价的观念；

② 保护生态系统的完整性，保护好野生生物的栖息地，减少资源消耗，减少废物的产生；

③ 在规划中保护野生生物生存和发展的权利；

④ 提倡经济和生态旅游的适度发展，控制规模和合理的游客承载量（环境容量）；

⑤ 改变传统观念，倡导与自然和谐的新生活方式和旅游方式；

⑥ 加强生态旅游区环境教育功能的规划；

⑦ 尊重自然界自身的发展规律。

三、景观生态学

景观生态学以整个景观为对象，研究不同尺度上景观的空间变化，以及景观异质性的发生机制（生物、地理和社会的原因）；强调生态系统之间的相互作用，大区域生物种群的保护与管理，环境资源的经营管理，以及人类对景观及其组分的影响。参与景观生态研究的有自然地理学家、植物学家、动物学家、生态学家、农学家、规划专家、建筑师、环境保护学者以及经济学者等各方面的人士。景观生态学的目的就是要协调人类与景观的关系，如进行区域开发、城市规划、景观动态变化和演变趋势分析等。景观生态学包括以下基本内涵。

① 景观生态学是一门空间生态学；

② 景观生态学是生物生态学与人类生态学的桥梁；是连接自然科学与人文科学的交叉学科。

③ 景观生态学同时研究生态景观与视觉景观两方面，注意协调形态与内容、结构与功能的统一。

景观生态学的重要概念主要有：斑块、廊道、基质、尺度、异质性、格局和过程、景观多样性、景观连接度、景观边界与边缘效应、干扰等。

景观生态学的基本原理如下。

1. 景观系统的整体性

景观生态系统是相互作用的诸要素组成的复合体，并具有特定的功能，它与环境组成特殊的统一体。研究对象的复杂性决定了景观生态学必须采用综合性、整体性的研究方法。

2. 生物多样性原理

生物多样性是所有生物种类、种内遗传变异和它们的生存环境的总称，包括不同种类的植物、动物和微生物，以及它们拥有的基因，它们与生存环境所组成的生态系统。景观的异质性影响或干扰资源、物种在景观中的流动与传播。异质性高有利于物种共生，而不利于稀有内部物种的生存。

3. 物种流动性原理

根据渗透理论和源—汇理论，物种在景观要素之间的扩展和收缩，影响到景观的物种多样性和异质性。

4. 营养（物质）再分配原理

由于风、水、动物的作用，矿物营养进入或流出景观，景观中矿物营养分配的速度，随干扰强度的增加而增加。

5. 能量流动原理

相邻景观斑块间存在着物质、能量和信息的传递、迁移，景观内随着空间异质性的增加，会有更多的能量通过景观要素之间的边界。

6. 景观变化原理

由于外界因素的推动下，景观始终处于动态的变化中，迅速干扰可增加景观的异质性，严重干扰在大多数情况下会使景观的异质性迅速降低。

7. 景观稳定性原理

稳定性是景观对于干扰的抗性及其受干扰后的恢复能力。干扰的四个特征因子——干扰频率、恢复速度、干扰事件影响的空间范围、景观范围大小，对于景观的稳定性产生重要影响。

景观生态学对生态旅游规划的指导作用

① 对拓宽生态旅游规划的指导意义

② 提高生态旅游规划的科学性、可视性和可操作性。

③ 为生态旅游区划奠定了理论基础。

四、发展理论

1. 区域发展理论

区域发展理论涉及经济学、地理学、社会学、规划学等众多学科区域，发展理论也就形成了众多的不同的流派。较有影响的有：以西方国家区域发展历史经验为基础所形成的历史经验学；强调工业化与城市化为核心的现代化学派；以强调乡村地区发展与空间均衡为核心的乡村学派等。

2. 可持续发展理论

可持续发展理论主要有以下观点：

① 认为人类社会能否可持续发展决定于人类社会赖以生存发展的自然资源是否可以被永远地使用下去；

② 认为环境日益恶化是人类社会出现不可持续发展现象和趋势的根源；

③ 认为人类社会出现不可持续发展现象和趋势的根源是现代人过多地占有和使用了本应属于后人的财富，特别是自然财富；

④ 人类社会可持续发展的物质基础在于人类社会和自然环境组成的世界系统中物质的流动是否通畅并构成良性循环。

3. 旅游地发展的生命周期论（巴尔特，1980）

旅游地循环发展的 6 个阶段包括：探察阶段、参与阶段、发展阶段、巩固阶段、成熟（停滞）阶段、衰落或复苏阶段。

旅游地发展的不同生命周期阶段，表现出不同的特点和规律。

① 探察阶段　旅游地发展的初始阶段，只有零散的游客，没有特别的设施，其自然和社会环境未因旅游而发展变化。

② 参与阶段　旅游者人数增多，旅游活动变得有组织、有规律，旅游市场范围基本被界定，本地居民为旅游者提供一些简陋的膳宿设施，地方政府注意改善设施与交通状况。

③ 发展阶段　旅游广告加大，成熟的旅游市场开始形成，外来投资增加，前期的旅游服务设施逐渐被规模大、现代化的设施取代，旅游地自然面貌的改变比较显著。

④ 巩固阶段，游客量持续增加，但增长率下降，旅游地功能分区明显，地方经济活动与旅游业紧密相连。

⑤ 成熟（停滞）阶段　旅游地形象确立，新的旅游竞争者开始出现，旅游环境容量超载，相关问题随之而至。

⑥ 衰落或复苏阶段　游客人数逐渐减少，旅游地难于与新的旅游地竞争，而且房地产的转卖率很低，旅游设施也大量消失，最终旅游地将逐渐走向衰落；另一方面，旅游地如果增加了新的具有吸引力的项目，开发新的旅游资源，增强旅游地的吸引力，游客数量出现再次增加，旅游地则进入复苏阶段。

五、生态平衡理论

生态系统中的能量流和物质循环在一定时间内（没有受到外力的剧烈干扰）总是平稳地进行着，与此同时生态系统的结构也保持相对的稳定状态，生态系统中各种生物的数量和所占的比例也是相对稳定的，形成一种动态的平衡，叫做生态平衡。

当外来干扰超越生态系统的自我控制能力而不能恢复到原初状态时谓之生态失调或生态平衡的破坏。生态平衡是动态的。维护生态平衡不只是保持其原初稳定状态。生态系统可以在人为有益的影响下建立新的平衡，达到更合理的结构、更高效的功能和更好的生态效益。由此可得出如下总结。

① 自然生态系统经过由简单到复杂的长期演变，最后形成相对稳定状态，发展至此，其物种在种类和数量上保持相对稳定；能量的输入、输出接近相等，即系统中的能量流动和物质循环能较长时间保持平衡状态。此时，系统中的有机体将所有有效的空间都填满，环境资源能被最合理、最有效地利用。例如，热带雨林就是一种发展到成熟阶段的群落，其垂直分层现象明显，结构复杂，单位面积里的物种多，各自占据着有利的环境条件，彼此协调地生活在一起，其生产力也高。

② 生态系统具有一定的内部调节能力。

③ 生态平衡是动态的。在生物进化和群落演替过程中就包含不断打破旧的平衡，建立新的平衡的过程。人类应从自然界中受到启示，不要消极地看待生态平衡，而是发挥主观能动性，去维护适合人类需要的生态平衡（如建立自然保护区），或打破不符合自身要求的旧平衡，建立新平衡（如把沙漠改造成绿洲），使生态系统的结构更合理，功能更完善，效益更高。

生态平衡是整个生物圈保持正常的生命维持系统的重要条件，为人类提供适宜的环境条件和稳定的物质资源。

生态平衡是指生态系统内两个方面的稳定：一方面是生物种类（即生物、植物、微生物、有机物）的组成和数量比例相对稳定；另一方面是非生物环境（包括空气、阳光、水、土壤等）保持相对稳定。

第二节　风景区规划的原则和内容

一、规划的任务和原则

风景名胜区规划的任务是：科学地保护和利用风景名胜资源，合理组织游人的活动，妥善处理景区的各种矛盾，统筹安排各项设施，确定风景区的性质、范围、方向和规模，确定风景区的总体布局，为人们提供自然、优美、方便、舒适的游览环境和服务配套设施，以充分发挥风景区的生态、社会和经济效益。风景区规划是切实地保护、合理地开发建设和科学地管理风景区的综合部署。经批准的规划是风景区开发、建设和保护管理工作的依据。

编制风景名胜区规划的基本原则如下。

1. 保护优先性原则

风景名胜区是自然和历史留下的宝贵而不可再生的遗产，风景名胜区的价值首先是其“存在价值”，只有在确保风景名胜资源的真实性和完整性不被破坏的基础上，才能实现风景名胜区的多种功能。开发时应保护并发挥原有自然和人文景观的特点，各项设施的安排必须服从保护景观的要求，不可损害原有景观。保护优先是风景名胜区工作的基本出发点。

2. 自然性原则

充分发挥风景资源的自然特征和文化内涵，维护景观的地方特色，强调回归自然，防止人工化、城市化、商业化倾向。为保证景区环境质量，在风景名胜区范围内不得安排与风景、旅游无关的单位和设施；在保护地带内不得安排污染环境的工厂和单位；在风景点和公共游览区内不得安排旅馆、休疗养机构等设施。

3. 协调性原则

将各种发展需求统筹考虑，依据资源的重要性、敏感性和适宜性，综合安排，协调发展，才能从根本上解决保护与利用的矛盾，达到资源永续利用的目的。景区内的建筑物和构筑物，其位置、体量和形式要因地制宜，与景观协调。

4. 客观性原则

风景名胜区开发利用必须在其允许的环境承载力（或称环境容量）之内，这是风景名胜区可持续发展的关键。从实际出发，合理确定景区环境容量，以此为依据确定旅游接待规模和风景区的建设。

5. 可持续性原则

风景名胜区保护和建设是一个长期的过程，一些遭到破坏的风景名胜区还需要有一个很长的自然恢复阶段，所以对待风景名胜区规划要从长计议，高起点、高标准、严要求，妥善处理近期实际与远景目标的矛盾，统一规划，分步实施，走可持续发展之路。

二、风景区规划内容

① 综合分析评价现况；

② 确定发展方向、目标和途径；

③ 对风景区的结构与布局、人口容量和生态原则等进行统筹部署；

④ 展现景物形象、组织游赏条件、调动景观潜能；

⑤ 对风景游览主体系统、旅游设施配套系统、居民社会经营管理系统以及相关专项规划和主要发展建设项目进行综合安排；

⑥ 提出实施步骤和配套措施。

三、风景区规划的层次和内容

① 风景发展战略规划

② 风景旅游体系规划

③ 风景区域规划

④ 风景区规划纲要（审批管理）

⑤ 风景区总体规划（审批管理）

⑥ 风景区分区规划

⑦ 风景区详细规划（审批管理）

⑧ 景点规划

与风景区规划相关的规划主要有：国土规划与区域规划、城市规划、土地利用规划、旅游规划（区域旅游结构规划、旅游业发展总体规划、旅游地域总体规划、旅游项目规划）。

四、规划编制的步骤

1. 资源与现状调查

主要在收集了解、摸清地域风景资源、地理环境条件和社会经济条件的基础上，对资源特征、开发利用条件和可行性作出综合分析与评价。

2. 规划大纲编制

规划大纲阶段的主要任务是，在充分调查研究的基础上，对风景区开发的几个重大问题进行分析论证，特别是对性质、环境容量、游人规模、规划结构、功能布局、交通组织、开发设想等进行详细论证，并经过专家咨询、评议。

3. 总体规划

对规划大纲进行修改，补充调查，按总体规划编制的任务内容，完成全部规划文件和图纸。这个阶段应特别充实专项规划和旅游规划内容，并对投资和效益进行估算。风景区总体规划的文件和图纸主要包括以下内容：

① 风景名胜区现状说明书及现状图、位置示意图；

② 风景名胜区总体规划说明书及总体规划图；

③ 游览路线规划说明书及规划图；

④ 环境保护规划说明书及规划图；

⑤ 植物景观规划说明书及规划图；

⑥ 旅游服务设施和职工生活设施规划说明书及规划图；

⑦ 交通运输、电力、通信规划说明书及规划图；

⑧ 各项事业综合发展规划说明书及规划图；

⑨ 给水和排污规划说明书及规划图；

⑩ 详细规划部分如景区、景点的详细规划方案图；旅游接待设施的设计方案图；主要景观建筑的设计方案图以及其他重大建设项目的可行性方案图。

风景区总体规划的图纸规定详见表 4-1。

4. 控制性详细规划

作为景区建设和管理的依据，主要内容如下。

① 详细确定景区内各类用地的范围界线，明确用地性质和发展方向，提出保护和控制管理要求，以及开发利用强度指标等，制定土地使用和资源保护管理规定细则。

② 对景区内的人工建设项目，包括景点建筑、服务建筑、管理建筑等，明确位置、体量、色彩、风格。

③ 确定各级道路的位置、断面、控制点坐标和标高。

④ 根据规划容量，确定工程管线的走向，管径和工程设施的用地界线。

表 4-1 风景区总体规划图纸规定

图纸资料名称	比例尺				制图选择			图纸特征	有些图纸可与下列编号的图纸合并
	风景区面积/km^2				综合型	复合型	单一型		
	20 以下	20～100	100～500	500 以上					
1. 现状(包括综合现状图)	1∶5000	1∶10000	1∶25000	1∶50000	▲	▲	▲	标准地形图上制图	
2. 景源评价与现状分析	1∶5000	1∶10000	1∶25000	1∶50000	▲	△	△	标准地形图上制图	1
3. 规划设计总图	1∶5000	1∶10000	1∶25000	1∶50000	▲	▲	▲	标准地形图上制图	
4. 地理位置或区域分析	1∶25000	1∶50000	1∶100000	1∶200000	▲	△	△	可以简化制图	
5. 风景游赏规划	1∶5000	1∶10000	1∶25000	1∶50000	▲	▲	▲	标准地形图上制图	
6. 旅游设施配套规划	1∶5000	1∶10000	1∶25000	1∶50000	▲	▲	△	标准地形图上制图	3
7. 居民社会调控规划	1∶5000	1∶10000	1∶25000	1∶50000	▲	△	△	标准地形图上制图	3
8. 风景保护培育规划	1∶10000	1∶25000	1∶50000	1∶100000	▲	△	△	可以简化制图	3 或 5
9. 道路交通规划	1∶10000	1∶25000	1∶50000	1∶100000	▲	△	△	可以简化制图	3 或 6
10. 基础工程规划	1∶10000	1∶25000	1∶50000	1∶100000	▲	△	△	可以简化制图	3 或 6
11. 土地利用协调规划	1∶10000	1∶25000	1∶50000	1∶100000	▲	▲	▲	标准地形图上制图	3 或 7
12. 近期发展规划	1∶10000	1∶25000	1∶50000	1∶100000	▲	△	△	标准地形图上制图	3

说明：▲应单独出图；△可作图纸。

(来源：风景名胜区规划规范，1999)。

5. 修建性详细规划

主要是针对明确的建设项目而言，主要内容包括以下几点：

① 建设条件分析和综合技术经济论证；

② 建筑和绿地的空间布局，景观规划设计；

③ 道路系统规划设计；

④ 工程管线规划设计，竖向规划设计；

⑤ 估算工程量和总造价，分析投资效益。

6. 方案决策

总体规划完成后，要组织评审，并报相应级别的政府审批。国家级的风景名胜区、旅游区规划，则由所在省、自治区、直辖市人民政府报国务院审批。

7. 管理实施

主要包括实施规划的具体步骤、计划和措施，制定风景区保护管理条例，制定人事管理制度，经营方式及经济管理体制等的建议。

以下是泰山和崂山风景区的总体规划内容提纲，供参考。

1. 北京大学地理系和泰山风景名胜区管理委员会编制的《泰山风景名胜区总体规划说明书》(范围 310km^{2}1987 年项目主持人：谢凝高)。

① 概述

② 地理位置、自然条件

③ 风景区范围

④ 风景区经济与主景区企事业单位用地概况

⑤ 泰山风景名胜区简史

⑥ 风景名胜资源评价

⑦ 风景名胜区性质、规划指导思想

⑧ 环境容量

⑨ 总体布局

⑩ 道路系统规划

⑪ 保护规划

⑫ 旅游服务设施规划

⑬ 分期建设与投资匡算

⑭ 旅游业发展设想

⑮ 泰山风景名胜区管理体制

2. 中国城市规划设计院编制的《崂山风景名胜区总体规划》（范围 446km^{2}1986 项目主持人：张国强）。

① 现状概述

② 景源评价

③ 规划范围

④ 性质的确定

⑤ 规划目标及原则

⑥ 风景保护规划

⑦ 基本布局与结构

⑧ 环境容量

⑨ 风景点系统规划

⑩ 旅游点系统规划

⑪ 居民点系统规划

⑫ 经济发展分析与布局

⑬ 专业工程规划

⑭ 生物景观规划

⑮ 分期发展规划

⑯ 投资估算

⑰ 实施规划措施

五、风景区规划的规划依据

1. 《中华人民共和国城市规划法》
2. 《中华人民共和国环境保护法》
3. 《中华人民共和国环境影响评价法》
4. 《中华人民共和国土地管理法》
5. 《中华人民共和国森林法》
6. 《中华人民共和国水法》
7. 《中华人民共和国水污染防治法》
8. 《中华人民共和国自然保护区条例》
9. 《风景名胜区条例》
10. 《风景名胜区规划规范》（GB 50298—1999）

11.《风景名胜区环境卫生管理标准》

12.《风景名胜区安全管理标准》

13.《水库大坝安全管理条例》

第三节 风景区范围和性质的确定

一、意义和内容

风景区必须有一个确定的范围。确定风景区的范围，使规划在一明确的空间框架内进行，也是今后建设管理的地域依据。

风景区的性质是指风景区在全国或某一省（区）内的风景旅游体系中或旅游经济网络中所担负的功能、地位和作用。它主要取决于该区风景资源的特色、旅游开发的区位优势、主题思想及在风景旅游体系中的地位、功能和分工。

风景区性质的确定，是整个风景区规划建设的“纲”，也是规划编制工作的首要任务。这是因为，只有正确地确定风景区的性质，才能为风景区的开发建设提供明确的方向，合理地选择与布置各种旅游活动项目与内容，并为安排各项旅游经济事业和基础设施布局提供科学的依据。正确地确定风景区的性质，将有利于突出总体布局重点，合理组织风景区用地和功能，为风景区长期建设发展提供可靠的技术经济依据。

二、风景区范围的确定

风景区的范围应根据景观完整，维持自然和历史风貌，保护生态和旅游环境，形成一定的规模，便于组织游览和管理等需要，在规划中具体划定，待总体规划批准后确认生效。

在确定风景区范围时，需要考虑以下因素和要求。

① 应强调地域单元的相对独立性　不论是自然区、人文区、行政区等何种地域单元形式都应考虑其相对的独立性。

② 注重景观风貌的完整性与联系性　作为一个风景区，在景观风貌上应形成自己的主体特征，保持自然或历史景观风貌的完整与统一。在一些历史悠久和社会因素丰富的风景区划界中，应维护其历史特征，保持其社会延续性，使历史社会文化遗产及其环境得以保存，并能永续利用。在此基础上将互为联系、紧密衬托的辅助景观资源地或环境纳入区域范围，形成统一的地域单元。所以，不论是以山为主、以水为主的或以人文古迹、城镇为主，都存在着景观风貌上主次相辅的完整性与联系性、统一性与多样性，而且生态、环境间的联系性有利于资源及环境保护，据此必然会形成一个以自然地理单元（山岭、盆地、谷地、岛屿、河段、湖泊、海滨、海湾、洞穴等）为基础的风景地域空间。

③ 区域大小组织合理　便于合理组织内外旅游网络，形成相对独立、配套的风景旅游接待设施，使游客得到多方面的合理享受与满足。据此，风景区的范围要适度。过大分散，不利于组织和管理；太小则不易形成综合接待能力。

④ 要充分考虑基层行政界线的完整性　风景区是一个经营管理单位，必须尽可能考虑和照顾现行行政区划和界线的完整性。不要过多地打破行政界线，力求简单化、一体化。

⑤ 尽可能考虑地方城镇的依托，以形成风景区的中心或基地。

根据上述因素，在划定风景区范围时，一般为一完整的闭合地域空间。但在特殊情况下，也有可能外延一条线（走廊带）或一块飞地（独立的旅游点）。

三、风景区的外围保护地带

在风景区的外围，根据保持景观特色、维护自然环境和防止污染、控制建设活动、保护旅游整体环境等需要，在风景区规划时须划定保护地带。

外围保护地带的划分，一般应考虑下列因素：

① 风景区景观或环境的外延带；

② 远景潜在发展区；

③ 控制污染或非风景旅游建设活动的隔离带；

④ 地形界线和行政界线的完整性。

为了加强对风景区的保护，在规划中除了划定外围保护地带之外，还对风景区范围内的用地，按景观价值、环境氛围等意义再划出重要程度不同的两级保护地带。

① 一级保护地带　又称为核心保护区。原则上不准在内建设任何建筑和人工设施，着重于维护原来的自然、历史风貌，不容任何破坏。对景点必要的建设或修饰，在符合总体规划的规定下，经严格审定后才准建设。

② 二级保护地带　又称一般保护区。在该区内允许建设在总体规划中所规定的与风景旅游有关或无妨的建筑和项目。

据此推理，外围保护地带也可称三级保护地带。各带面积和比例关系因地制宜。一般来说，一级保护地带最小，二级次之，外围最大。

四、风景区的性质分析与确定

风景区的性质，需依据风景区的典型景观特征、游赏欣赏特点、资源类型、区位因素以及发展对策与功能选择来确定。风景区的性质必须明确表述风景资源特征、开发利用的主要功能、风景区的等级三方面内容，定性用词应突出重点，准确精练。

1. 风景特征

每个风景区都有其自己的个性。或以水见长，或雄伟旷阔，或秀丽婉约，所谓“泰山看山，曲阜访古，西湖观景”以及“泰山雄、峨眉秀、华山险、青城幽”等，只有明确了特色，才能使各项规划围绕特色而展开，层层加以烘托，使个性更加鲜明，游赏功能更加显著。

2. 风景区的功能

风景旅游区的开发利用功能与旅游者的旅游活动（行为）相关，旅游行为可分为以下三个层次。

① 基本层次，如观光游览。

② 提高层次，如购物、娱乐。

③ 专门层次，如宗教朝拜、文化交流、专题性考察、民族节日、运动会、博览会、电影节、美食节、登山节、探险活动、商务活动等各类专题性旅游。

风景区的主要功能可分为保存保护培育、观光游览、度假游乐、避暑休养、宗教朝觐、民俗风情、休养保健、科研科考、探险体育、科普教育等种类。

3. 风景区的等级划分

国务院2006年发布的《风景名胜区条例》规定：风景名胜区划分为国家级风景名胜区和省级风景名胜区。

自然景观和人文景观能够反映重要自然变化过程和重大历史文化发展过程，基本处于自然状态或者保持历史原貌，具有国家代表性的，可以申请设立国家级风景名胜区；具有区域代表性的，可以申请设立省级风景名胜区。

设立国家级风景名胜区，由省、自治区、直辖市人民政府提出申请，国务院建设主管部门会同国务院环境保护主管部门、林业主管部门、文物主管部门等有关部门组织论证，提出审查意见，报国务院批准公布。

设立省级风景名胜区，由县级人民政府提出申请，省、自治区人民政府建设主管部门或者直辖市人民政府风景名胜区主管部门，会同其他有关部门组织论证，提出审查意见，报省、自治区、直辖市人民政府批准公布。

风景区的性质根据资源特色、市场需求和开发主题，通过综合分析加以确定。

以下列举一些风景区的性质，供分析参考。

① 杭州西湖　以秀丽清雅的湖光山色与璀璨的文物古迹、文化艺术交融一体为特色，以观光游览为主的国家重点风景名胜区。

② 青岛崂山　以“山海奇观”、千古名胜、滩湾浴场、海天山城协调融合为其风景特色，供游赏观光、度假康复、休养疗养和开展科学文化和爱国主义教育等活动的国家重点风景名胜区。

③ 长白山　以火山山水和冰雪风光为特色，发展观光、狩猎、冰雪运动、疗养与科学研究相结合的多功能山地型国家重点风景区。

④ 云南石林　是世界自然遗产。以特殊的喀斯特地貌——石林和撒尼人民俗风情为主要景观特色，供游客进行游览、娱乐、度假的国家重点风景名胜区。

⑤ 丽江玉龙雪山　是世界自然遗产。以雪山、高山植物、峡谷、高原湖泊、古城和少数民族风情为景观特色，为游客提供游览观光、度假、滑雪、登山探险等旅游活动，开展科学考察的国家重点风景名胜区。

⑥ 莫干山　以“清凉世界”、竹海别墅为景观特色的避暑度假为主的山岳型国家重点风景名胜区。

⑦ 峨眉山　是世界自然和文化双重遗产。它是以“雄、秀、神、奇”的天然地质博物馆、动植物王国和佛教圣地而闻名，具有优化川西生态环境，以及观光、朝圣、科考、科研、健身等功能的山岳型国家重点风景名胜区。

第五章 风景游赏规划

第一节 旅游环境容量规划

环境容量（environmental capacity）这一概念，最初是指某一区域环境可容纳的某种污染物的阈值。旅游环境容量（承载量）也是一个从生态学中发展起来的概念。它最早是由美国 W. 拉帕吉（W. Lapage）1963 年首次提出，是伴随着现代环境运动而产生的。至 20 世纪 90 年代，旅游环境容量（承载量）概念已经被广泛地运用到旅游规划、风景区规划、旅游管理领域，并成为旅游学科、规划学科当中的一个重要概念。

一、旅游环境容量的定义

环境容量一直以来没有一个明确的定义，在不同的学科领域或不同的环境中，内涵有差异。在风景区规划中，旅游环境容量指某一旅游空间范围内，在某一时间段允许容纳游客的最大承载能力（即最大的合理游人数）。

在旅游环境中，并不是人越多越好。游人数量的多少直接影响到旅游地的环境质量和旅游质量，确定合理的游人量，可以更科学地保护景区的环境和资源，严格控制游憩开发的强度。

二、旅游环境容量的构成体系

1. 生态容量

指在保证风景资源质量不下降和生态环境不退化的前提下，满足游客舒适、安全、卫生、方便等需求，一定时间和空间范围内，所能容纳的旅游活动量。这是风景资源和环境的最大允许容量，这是旅游供给的主体，又叫资源容量。

2. 心理容量

也称旅游感知容量、旅游气氛容量。指旅游者在某一地域从事旅游活动时，在不降低旅游者对风景观赏和活动感知质量的条件下，该旅游地域所能容纳的旅游活动最大量。

3. 社会容量

指旅游接待地区的人口构成、旅游社会容量，宗教信仰、民族风俗、生活方式习惯、社会文化程度及国家政策等所决定的当地居民和社会文化形态可以接纳和容忍的旅游业的规模。或者说在单位时间内能接纳多少游客，才不会引起当地居民的反感和对当地社会环境的破坏。这是一个非常活跃的、弹性很大的因素。它内涵广泛，大可包括一个地区的开放稳定程度，小可包括风景区居民对旅游者的友善态度，还可包括当地的文化吸引力。

4. 经济容量

指一定时间和一定的区域范围内，依其经济发展程度所决定的能够接纳的旅游活动规模。经济容量一方面取决于基础设施的拥有能力，包括交通运输、供水、排水、污物处理、能源电力、煤气、通信等公共设施所能承受的容量；另一方面取决于旅游接待、商业、服务、文化、医疗、卫生等设施的接纳能力。

在一般规划工作中，主要考虑生态容量和经济容量，即资源环境与设施发展的最大可容量。这种容量保证了风景区旅游活动的“快适性”和资源环境保护的“忍耐性”。特别是前者，因为它基本上是固定不变的，而设施保证则是发展变化的。所以在总体规划中，首要的是确定环境资源的最大合理容量，即生态容量。

三、风景区环境容量的测算

1. 计算指标

(1) 瞬时容量 S（一次性容量）：指瞬时承载游人的能力。

计算公式：

$$S=A\div A_0$$

式中　S——瞬时容量；

A——可游览的基本空间，m 或 m^2；

A_0——人均合理占用空间，m/人或 m^2/人。

人均合理占用空间标准（m^2/人），即合理占用面积。

(2) 周转率 D：每日接待游人的批次。

计算公式：

$$D=T\div T_0$$

式中　D——周转率；

T——每日可游览的时间，h；

T_0——游人平均游览时间，h。

(3) 日容量 C(人/日)：平均每天能容纳的合理游人数。

计算公式：

$$C=SD$$

式中　C——日容量；

S——瞬时容量，人；

D——周转率。

(4) 年容量 Y(人/年)：每年能容纳的合理游人数。

计算公式：

$$Y=CH$$

式中　Y——年容量；

C——日容量；

H——全年可游览的天数，日。

日环境容量是一个门槛值，也是一条警戒线，一旦超出，则对保护不利。从保护的角度看，在观赏以自然景观为主的景区，游人越少越好，但从旅游的经济效益考虑，应有一定的日容量和年容量。

2. 计算方法

风景区是山、水、林、建筑等要素相结合的多元化区域，结合景区景点设置及游览方式安排，确定针对景区不同情况和特点，可采取面积法、旅游通道法（线路法）和卡口法（瓶颈法）三种方法进行计算。具体哪一类型的风景区或景区、景点应该采用哪种方法，应根据具体情况选用或综合应用。

(1) 面积法　在地形相对平坦的风景区或景点、地段，可采用面积法进行计算。它包括风景区总面积、可用活动设施面积等分解因素。需要确定的指标是游人活动所需的人均最小合理面积。面积法有三种计算方法：以整个风景区面积计算；以风景区内可游览面积计算；以景点面积计算。三种计算方法分别对应于风景区的不同规划层次。

计算公式如下：

$$C=\frac{A}{A_0}\times\frac{T}{T_0}$$

式中 C——日环境容量，人次/日；

A——可利用的基本旅游空间，即可游览面积，m^2；

A_0——人均合理占用空间标准，即合理占用面积，m^2/人；

T——每日开放时间，小时/日；

T_0——人均每次游览时间，小时/人次。

实例分析：泰山岱顶的旅游容量计算

① 观日出的游人量：

[2100m^2（观日出场地）÷0.7m^2/人]×1（周转率）=3000 人

（注：人均合理占用面积为 0.7m^2/人）

② 观景的游人量：

（31360m^2÷26m^2/人）×6（周转率）=7237 人

（注：人均合理占用面积为 26m^2/人）

岱顶的日环境容量=3000+7237=10237 人，另将其他景点合计在内，泰山风景区日环境容量为 39000 人，泰山的年可游天数为 200 天，则泰山的年容量是：39000×200=780 万人次。

(2) 旅游通道法（线路法） 因地形条件的限制或游路设计等原因，游人只能在一定的通道上进行活动的景区或景点，可用旅游通道法进行计算。需要确定的单位长度指标是，在同一时间内，每个游人所占有的合理的游路长度。山岳风景区运用得较为普遍。

计算公式如下：

$$C=\frac{B}{B_0}\times\frac{T}{F_0}$$

式中 C——日环境容量，人次/日；

B——游道总长度，m；

B_0——人均合理占用的游道长度，m/人；

T——每日开放时间，小时/日；

F_0——人均每次通过游道时间，小时/人。

实例分析：

例 1：黄山游览区的面积为 154000m^2，如按每人合理占用 1000m^2/人计算，日环境容量可达 150 多万人，这是不可能的，由于山体陡峭，游人大部分在温泉——云谷寺——北海——玉屏楼——莲花峰——天都峰一线的中心景区活动。

这一景区的总长度为 44500m，长度指标定为 8.9m/人，

这一景区的日环境容量=44500÷8.9=5000 人

例 2：张家界总面积是 2800hm^2，用旅游线路法计算结果是日环境容量为 10017 人次，若用面积法反推，人均合理占用面积为 2800m^2/人，若按面积法计算，日环境容量就大得多。

(3) 卡口法　又称瓶颈法，因交通、景观特点和游览方式等原因，形成游人必游的活动“热点”，成为游人集中的“瓶颈”和“卡口”，同时也成为环境和资源的脆弱点，由此会引起整个风景区环境的破坏。例如，武夷山的九曲溪、天台山的国清寺等。规划就判定此点或此段的最大允许容量作为控制全区容量的标准。

计算公式如下：

$$C=DN$$

式中　C——日环境容量，人次/日；

D——周转率（日游客批数），次；

N——每批合理游人数，人。

实例分析：

在武夷山的规划中，采用瓶颈法计算环境容量。凡到武夷山的游客，都要坐竹筏游览九曲溪，九曲溪是武夷山的一个瓶颈，可用九曲溪的游人量作为整个武夷山的基本容量。计算如下。

① 九曲溪的九曲码头至一曲码头的水路游览总长度为8000m，前后两张竹筏之间的安全距离（包括竹筏长8m）为50m，每张竹筏可乘8人。

由此可计算出九曲溪的瞬时容量＝8000÷(50÷8)＝1280人

② 整个游程的时间不少于2h，每天可游览的时间是8h，则每天每只竹筏的周转率＝8÷2＝4次。

③ 九曲溪每日通过的合理游人数＝1280×4＝5120人次。

再乘以全年可游天数，即得全年容量。

(4) 资源容量法　以上几种计算方法主要从空间容量角度考虑风景区的环境容量，对于有些风景区，则不能全面反映整体生态环境、资源环境和社会环境的游憩承载能力，如广东清远的飞来峡风景区，由于山重水隔无法依靠城市供水，本地水资源缺乏，无地下水源，只能引用山上的地表水，水资源容量成为风景区最终的环境容量限制因子，规划时将风景区可接纳的餐饮人次作为游人容量的极限值，采用资源容量计算法。计算如下：

$$Y=[W_{供}-W_{额定}]\div P=400\text{万人次}$$

式中　Y——游人年容量；

$W_{供}$——不超过景观生态承载力的全年可供水量；

$W_{额定}$——景区内全年额定用水量，包括职工生活用水、消防用水、绿化用水等；

P——游人餐饮用水指标。

(5) 综合计算法　对于景观类型多样的风景区，不同景点和景区采用不同的计算方法，然后综合各个景点和景区，得出总容量。如崂山风景区就采用此种方法计算环境容量。

在风景区的规划中，有时需要进行全区环境容量和分区环境容量两个层面的规划，明确规定各分区或游憩点所允许的游人总量、游人密度，以及以此为依据确定设施容量和设施密度等，作为开发强度控制的基础依据。

环境容量的计算，关键问题在于人均合理占用空间标准的确定。而人均合理占用空间的标准取决于个人对空间要求的生理尺度和心理尺度。它是一个弹性很大的经验值，它因风景资源的性质、保护的级别、旅游活动的方式及不同国家地区人们的心理需求有关，甚至相关很大。如节庆活动、集市庙会、部分文艺表演等，应有热闹的气氛，人均合理空间标准相对低，环境容量较高；而一些以观赏自然风景为主的景区、景点，则需要保持环境幽静，保证游人有充裕的时间和空间去游赏，人均合理空间标准相对高，其环境容量便低一些，见表5-1。

表5-1 旅游场所基本空间标准

场所		基本空间标准	备注
山地风景区		40～60m²/人	泰山40m²/人，庐山60m²/人 西湖57m²/人，北戴河40～60m²/人
海滨浴场	水域	15～20m²/人	大连海滨20m²/人
	沙滩	10～20m²/人	大连海滨20m²/人
	日光浴场	10m²/人	
中国古典园林		20m²/人	苏州古典园林
森林公园游道		4～7m/人	张家界国家森林公园
动物园		25m²/人	日本上野动物园
植物园		300m²/人	日本神代植物园
高尔夫球场		0.2～0.3ha/人	9～18洞，日利用者228人(18洞)
滑雪场		200m²/人	滑降斜面之最大日高峰率为75%～80%
溜冰场		5m²/人	都市型之室内溜冰场
码头	汽艇	8～16ha/艘	系留水域100m²/艘
	小型游艇	2.5～3ha/艘	25m²/艘
	帆船	8ha/艘	
	划船池	250m²/艘	日本上野公园划船场面积2ha，80艘
野外比赛场		25m²/人	
射箭场		230m²/人	日本富士自然休养林
骑自行车场		30m²/人	
钓鱼场		80m²/人	
狩猎场		3.2ha/人	
牧场、果园		100m²/人	以葡萄园为例
徒步旅行		400m²/团	
郊游乐园		40～50m²/人	
游园地		10m²/人	
露营场	一般露营	150m²/人	
	汽车露营	650m²/台	

（来源：引自《观光游憩计划论》，1996）

在封闭、半封闭的空间（如石窟、洞穴、陵墓的地宫等），在风景区内的险要地段，更应严格限制游人数量，以保护风景资源免遭损害，保护游人的健康和安全。此外，即使在同一旅游环境，每个旅游者的要求也因人而异，故只能通过对游人调查，取其平均值，以满足大多数游人的要求。各种旅游场所的基本空间标准需要根据经验数据来确定。但是，即使性质相同的旅游场所，各国和各地所采用的标准也不一致。表5-2为一些旅游用地（场所）的基本空间标准，可供参考。

表 5-2 游憩用地生态容量

用地类型	允许容人量和用地指标	
	人/公顷	m^2/人
(1)针叶林地	2～3	5000～3300
(2)阔叶林地	4～8	2500～1250
(3)森林公园	＜15～20	＞660～500
(4)疏林草地	20～25	500～400
(5)草地公园	＜70	＞140
(6)城镇公园	30～200	330～50
(7)专用浴场	＜500	＞20
(8)浴场水域	1000～2000	20～10
(9)浴场沙滩	1000～2000	10～5

（来源：《风景名胜区规划规范》，1999）

第二节 风景区的总体布局及分区规划

风景区的总体布局，就是在风景名胜资源调查评价的基础上，根据实地的风景资源结构特点、资源的开发利用价值，确定开发利用的功能和性质，确定合理的环境容量后，进行风景区的规划设计构思，通过分区规划、景点规划和游览路线规划，把规划设计思想体现出来。

一、风景区总体布局的原则

① 规划内容和项目配置应符合当地的环境承载能力、经济发展状况和社会道德规范，并能促进风景区的自我生存和有序发展；

② 正确处理局部、整体、外围三层次的关系，有效调节控制点、线、面等结构要素的配置关系；

③ 解决规划对象的特征、作用、空间关系的有机结合问题；

④ 正确处理局部、整体、外围三层次的关系，解决各枢纽或生长点、走廊或通道、片区或网格之间的本质联系和约束条件；

⑤ 构思新颖，体现地方和自身特色。

二、国外国家公园的分区模式简介

1. 国际自然保护联盟（IUCN）的分区模式

分为三大类八大区。

(1) 保护性自然区：① 绝对自然区
② 治理自然区
③ 旷野区

(2) 保护性人类学区：①自然生活区
② 田园景观区
③ 特殊景观区

(3) 保护性历史或考古区：① 考古区
② 史迹区

2. 美国国家公园的分区模式

美国最早采用的是自然与游憩两大分区方法，后又演变为三分区：分为核心区、缓冲区和周边游憩区；1958年，拟订了六分区模式，对各区的开发程度有严格规定；1982年国家公园管理局在国家公园手册中修订为四分区法，即；

① 自然区（Natural Zone）
② 史迹区（Historical Zone）
③ 公园发展区（Park Developmental Zone）
④ 特别使用区（Special Use Zone）

三、中国风景区的分区体系

中国传统的分区方法有游住相依和游住分离两种方式。游住相依是指旅游服务接待设施都设在游览区内的分区规划，此种规划方式方便游客使用，但对风景资源会产生一定的影响和破坏。游住分离则是为保护风景资源，保证旅游质量，选择风景资源分布少、景观的敏感度较低、建设条件相对好的地段，集中建设旅游服务基地，旅游设施尽量布置在远离主要景点的地段。

现行的分区方式主要采用景区划分（景色分区）、功能区划分和保护区划分三种方式。分区是风景区结构在大、中尺度的地域空间上的反映，它是根据风景区的自然条件和各区功能上的特殊要求及资源和景观保护的要求，将风景区用地按不同景色、功能和保护进行空间区划。景色分区是将风景区中自然景观与人文景观突出的某片区域划分出来，并拟定某一主题进行统一规划。功能分区是按风景区的活动内容和设施安排来进行分区规划。保护分区则是根据景观和资源特点及其保护级别进行区划。

1. 景区划分（景色分区）

根据景源类型、景观特征或游赏需要而划分的一定用地范围。它包括较多的景物和景点或若干景群，依据景源特征的一致性、游赏活动的连续性、开发建设秩序性等原则进行划分，带有明显的空间地域性（图5-1）。

2. 功能区划分

根据重要功能发展需要而划分的一定用地范围，形成独立的功能分区特征。通过对用地功能的强化来调控资源、游赏、社会、经济各子系统之间的关系，使风景区的三大效益达到协调统一（图5-2）。

3. 保护区划分

依据各类景观资源的重要性、脆弱性、完整性、真实性等为基本原则，划定相应的生态保护区、自然景观保护区、史迹保护区等，对相应的保护区制定严格的保护与培育措施，使资源的保护在空间上有明确的限定性，为资源的保护提供可靠的地域划分界限（图5-3）。

四、分区原则

① 同一区内的规划对象的特性及其存在环境应基本一致。
② 同一区内的规划措施及其成效特点应基本一致。
③ 规划分区应尽量保持原有的自然、人文、线状等单元界限的完整性。

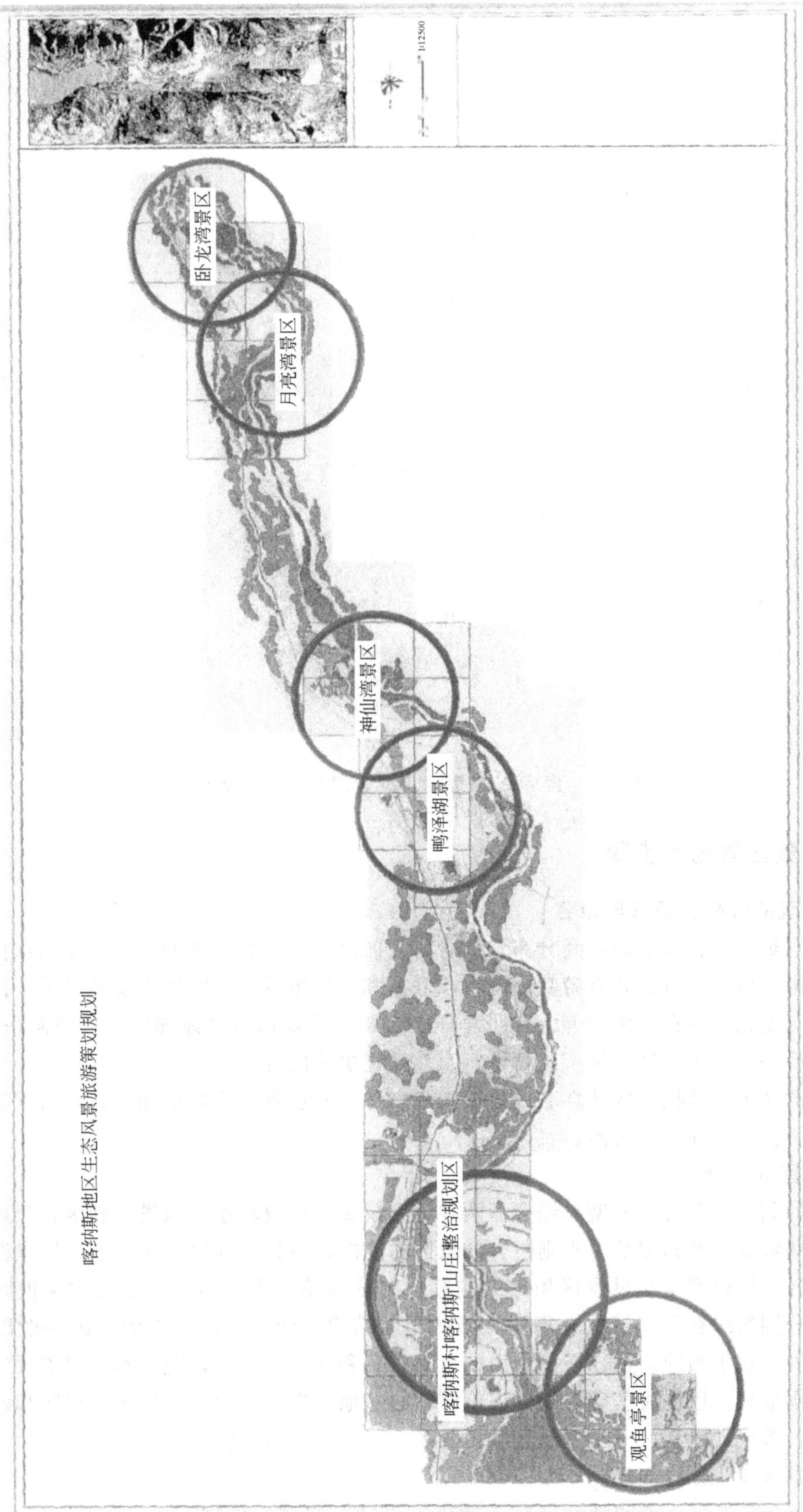

图 5-1　新疆喀纳斯景区规划设计总图

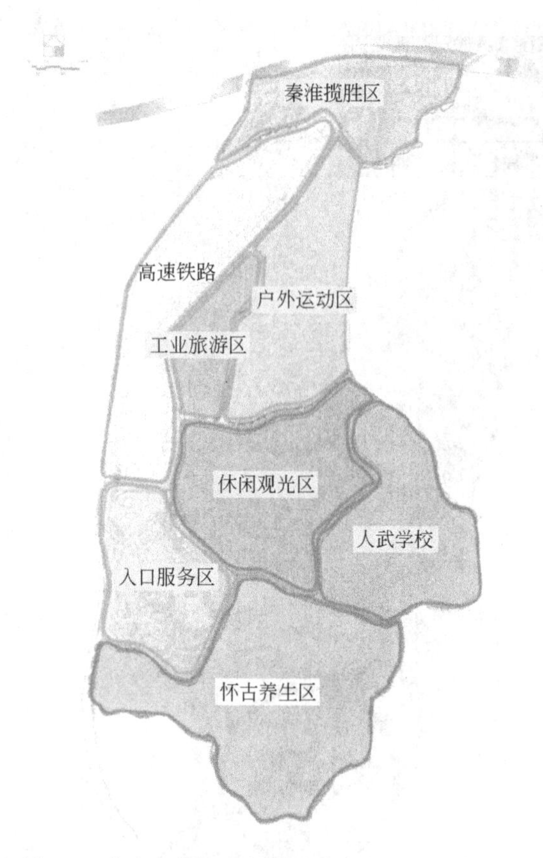

图 5-2　南京牛首祖堂风景区韩府景区功能分区图

五、景区规划的步骤

1. 景观的分析、组织与命名

依据景观特点、景观的空间分布，结合游人的游憩需要和景观的开发功能和保护进行划分。景区组织应突出风景和旅游功能的本质联系和有机组成，要整体表现不同风景区景观的连续发展与变化，并在使用功能上有明确分工。如山地森林避暑休养区、谷地游乐活动区、湖库水上活动区、野营区、生产经营区、宗教文化史迹区等。

景区的命名要依据景区的地名或重要景点名称，并包含其使用功能在内，力求明确、概括，又富于艺术性和文化内涵。

2. 景区的划分

景区的划分主要有单一型和综合型两种分区模式。一般较小的风景名胜区，只划分几个景区，一些农副生产和旅游中心则包含在景区功能内，不另行划出。单一型以风景游览区为主划分景区。综合型是与风景区用地结构整合的分区模式将功能区、景区和保护区整合并用，景区分别组织在不同层次和不同类型的用地结构单元中。高一级的分区一般以数个为宜，不宜划得过于琐碎。往往在一个大的风景类别和功能性质下，包容不同种类项目的景观类型和使用形式。以此为基础，划分出旅游中心基地、生产建设区、生态保护区和多个旅游活动景区，形成“风景区——功能区——景区——景点”的结构层次。

(1) 景区单一分区模式

多个风景游览区（游憩活动区）——景区、景点、景线、景物。

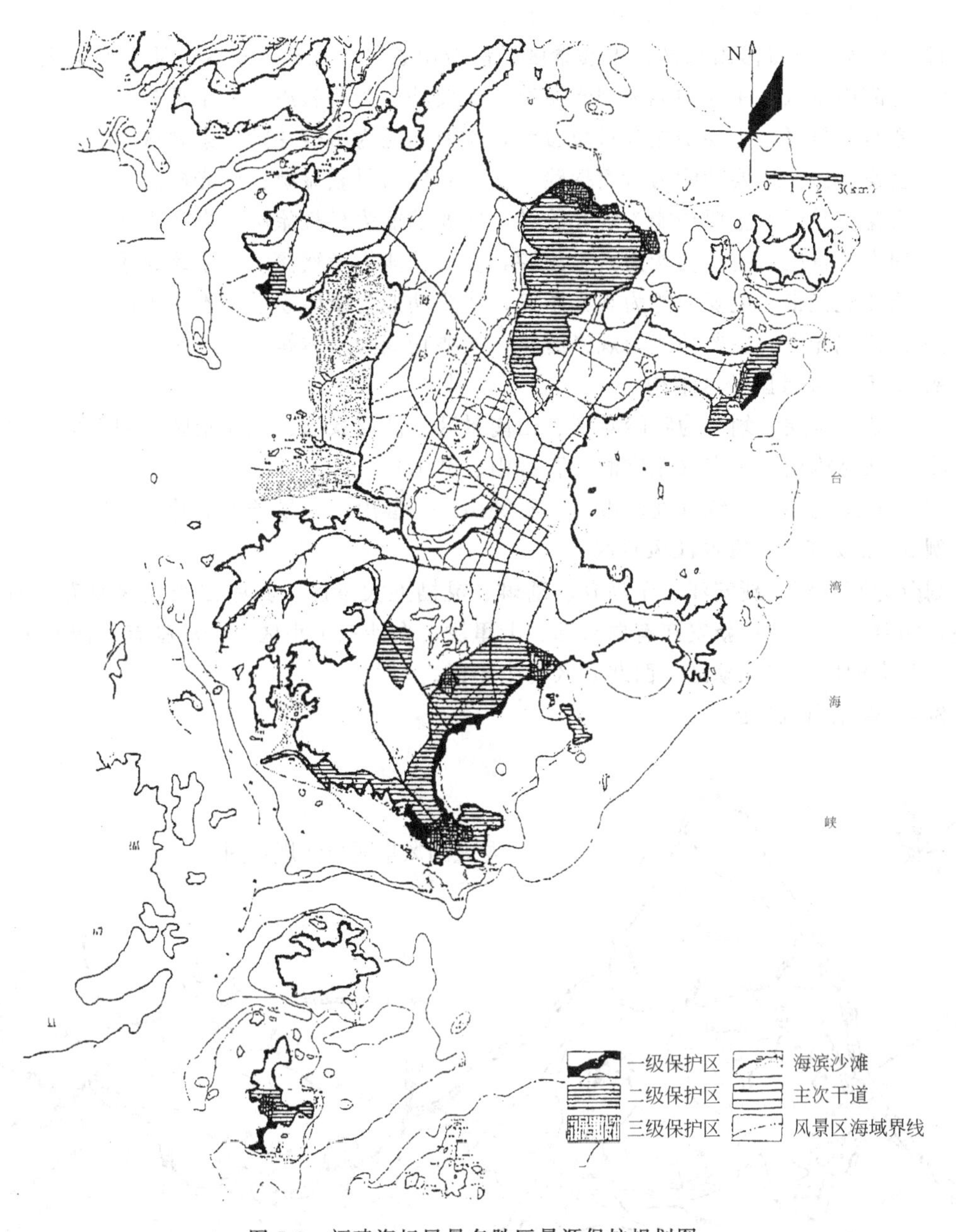

图 5-3 福建海坛风景名胜区景源保护规划图

(2) 景区综合分区模式

① 生态保护区

② 自然景观区

③ 人文史迹区——景区、景点、景线、景物

④ 游憩活动区

⑤ 服务管理区

⑥ 发展控制区

以下列举一些风景区的分区规划。

例 1. 丹霞山的布局结构与分区：划分为两带、五区。

(1) 两带——锦江观光带、泸江观光带

(2) 五区——丹霞山景区、巴寨景区、韶石山景区、飞花水景区、仙人迹景区。

① 丹霞山景区　主要功能为观光游览，次要功能为科教旅游、宗教旅游。

② 韶石山景区　主要功能为科教旅游，次要功能为考察探险、宗教旅游。

③ 巴寨景区　主要功能为考察探险，次要功能为科教旅游、观光旅游。

④ 飞花水景区　主要功能为观光旅游，次要功能为科教旅游、农耕生产。

⑤ 仙人迹景区　主要功能为科教旅游，次要功能为考察探险、康体娱乐。

⑥ 锦江观光带　主要功能为观光游览，次要功能为康体娱乐、农耕生产。

⑦ 泸江观光带　主要功能为观光游览，次要功能为康体娱乐、农耕生产。

例 2. 庐山风景区分区结构

① 面状结构层　划分为牯岭景区、山南景区、沙河景区、九江景区等四个区。

② 点状结构层　三点（龙宫洞、石钟山、鞋山）。

③ 线状结构层　一线（九江市——石钟山——鞋山——星子水上游览线）。

例 3. 新安江——富春江风景区

划分为富春江、新安江、千岛湖、瑶琳、灵栖五大景区。其中二级景区富春江有鹳山、龙门、桐君三个小区；新安江有白云源、七里垅、白沙三个小区；千岛湖有东南湖区、中心湖区、西南湖区、东北湖区、西北湖区五个小区。

例 4. 普陀山风景区

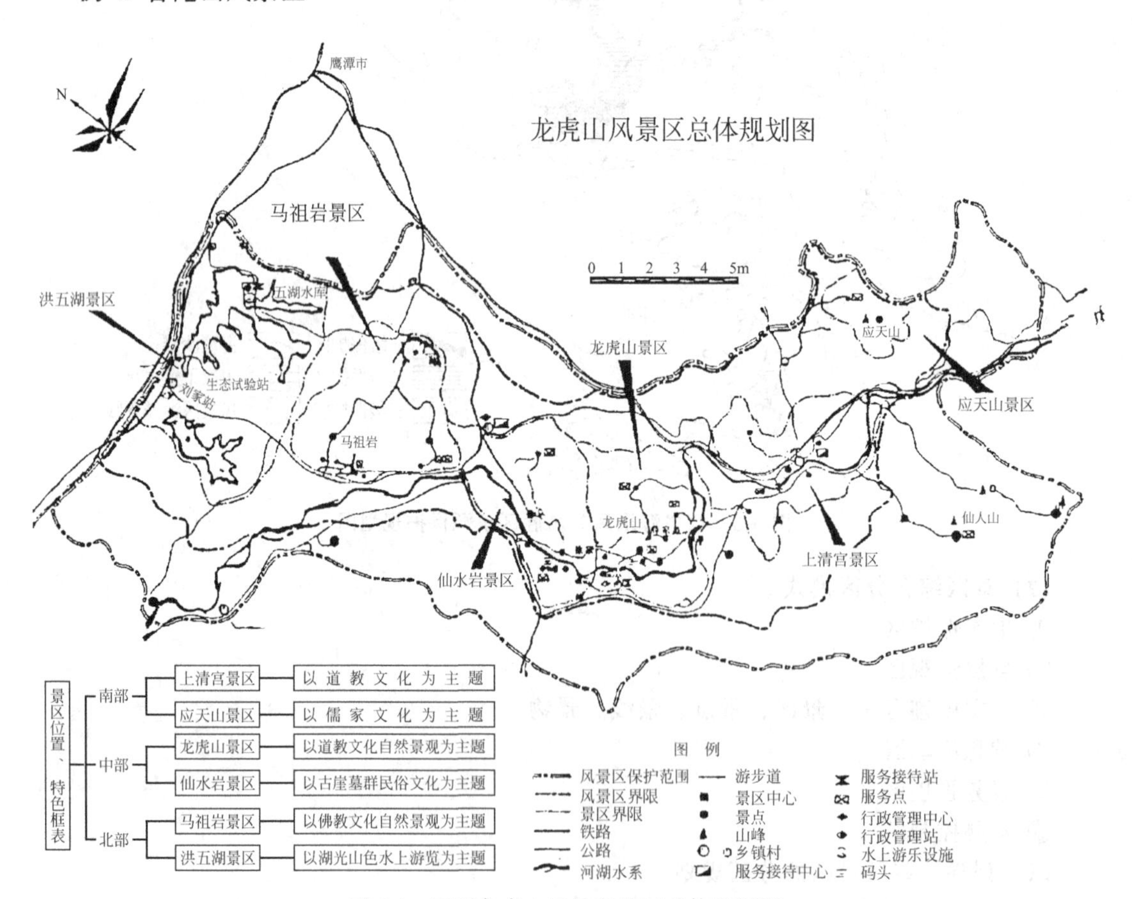

图 5-4　江西龙虎山风景名胜区总体规划图

划分为普陀山、朱家尖和沈家门三个一级区，以下再划分为若干二级区，如朱家尖又分为金沙景区、樟州景区及白山景区三个景区。

例 5. 江西龙虎山

依据景观特征和景点分布，划分为三个区域，六个景区（图 5-4）。

(1) 南部：① 上清宫景区

② 应天山景区

(2) 中部：① 龙虎山景区

② 仙水岩景区

(3) 北部：① 马祖岩景区

② 洪五湖景区

第三节　风景区的景点规划

景点规划是根据景区内的自然地形、植被状况、功能要求及人文景观资料，确定景点的位置，并进行设计，使之成为具有观赏价值的景点。

一、规划原则

① 保护环境（自然环境和人文环境），维护创造生态平衡；

② 充分利用原有的风景资源，与周围环境协调一致；

③ 有鲜明的主题和个性，具有吸引力。

二、景点的组织结构和空间结构

1. 景点规划的组织结构

包括内容、特征、范围、容量；主、次景点及游赏活动组织以及设施配备等；需要提供景源分级的分布图和景点规划一览表（图 5-5）。

2. 景点的空间结构

景点空间一般可区分为景观、景物空间，游赏活动空间及辅助空间三部分。对于某些景点来说，由于存在形式或位置距离的关系，前两部分空间往往合二为一。

景观景物空间是景点资源价值的核心所在。不论自然或人文景观是否有明确的空间界线，也不论其空间界面的大小，在规划建设时，均应划出保护范围，并力求用多种手法进行空间分隔，以保护资源。所以，这一空间的组织和建设，主要指对原来状态条件下的空间围护建设或设施，而不允许在其中搞任何其他建设。

游赏活动空间应是游客观赏、游览、休憩的主要活动中心。它通常也是景观景物的外延空间。正因为如此，在其中观赏景观景物的整体效果最佳。游赏活动空间，一般在景点中所占的面积最大，因此还要对它进行空间再分割，按游览活动功能的需要，安排组织辅助景点空间、游赏空间及休憩服务空间等，并使室内与室外相结合。以杭州灵隐寺景点组织为例，在灵隐寺外，组织布置了大面积的游赏活动空间，并根据峰峦、溪涧、洞穴、草坪的外延环境，安排了辅助景点、游赏活动空间及休憩服务空间。

辅助空间是为景点配套服务的附属空间。一般包括属于景点范围内的交通空间（包括停车场）、生活服务设施空间、绿化防护空间及发展备用空间等。其范围根据实际可大可小，

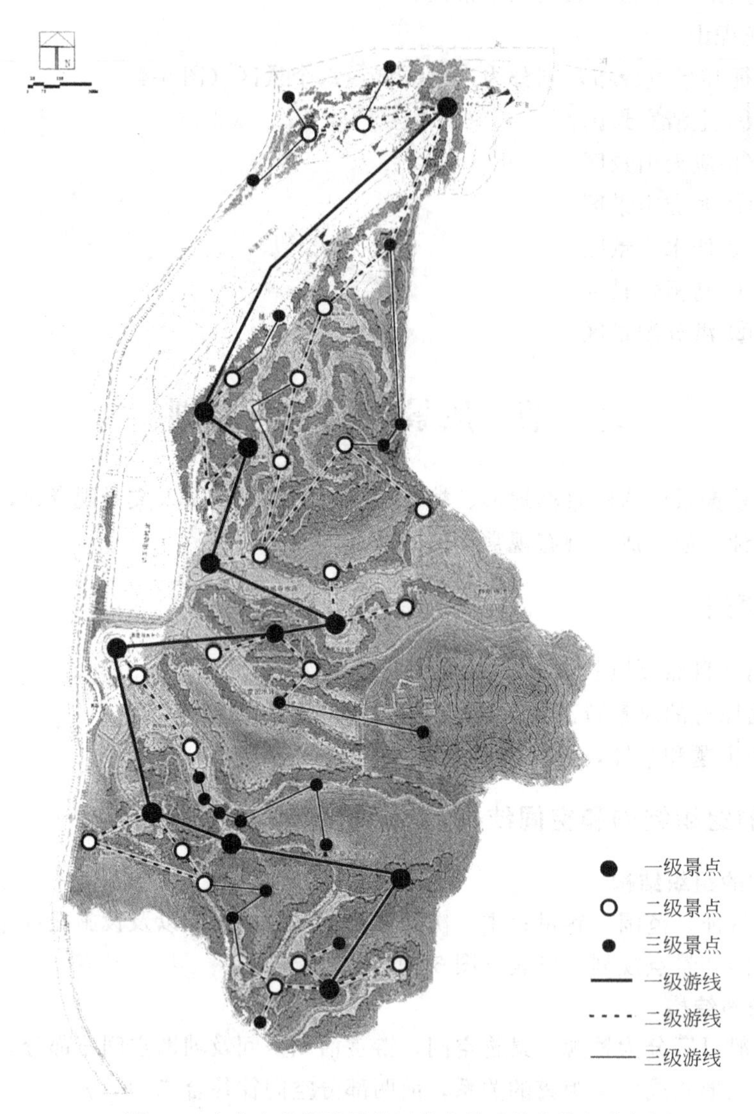

图 5-5　南京牛首祖堂风景区韩府景区景点等级分析图

也可兼并合一。

景点建设着重在一二部分空间，特别是游赏活动空间的组织与布置，更具有突出的意义。

三、景点的类型

1. 保护型

所谓保护型景点，就是在景点规划、设计中，对于美学特征突出、科研价值高、有着深刻的文化内涵和重大历史价值的景物。开发的任务是按原有形态、内容及环境条件完整地、绝对地加以保护，供人们世世代代观赏、考察、研究。如万里长城、黄山飞来峰、秦兵马俑、黄果树瀑布、石林阿诗玛岩等。在规划中，应明确保护范围、内容和具体措施，并依据有关规定和规划严格地进行管理。

2. 修饰型

所谓修饰型景点，就是对于重要景物，为了保护好和强化它的形象，可通过人工手段，适当地加以修饰和点缀，起到“画龙点睛”的作用。譬如：将裸露在野外的碑石、文物放在与之相协调的建筑物中，既可起到保护作用，又可引导游人游览和考察；在风景区的某些地段，选择观景的最佳位置，开辟人行道和修建一定的景观建筑，将最美的画面呈现在游人面前，既有利于旅游者观赏，又丰富了风景内容；在天然植被中，调整部分林相，引进有观赏价值的树种和花卉，可以使景观更加丰富多彩。

3. 强化型

所谓强化型景点，就是利用人工强化手段，烘托和优化原有景物的形象，创造一个新的景观空间，以便更集中、更典型地表现旅游特色。譬如：在海滨地带建立“海洋公园”，游人能在较小的范围、较短的时间内，观赏到海洋中各种鱼类，到大海中去“探险”，参加各种水中体育和游乐项目；在森林中建立森林步道或空中走廊，可以在一定范围内看到典型的森林植物和动物，并可实地观看、接触各种野生动物。强化型的景点在规划时应严格控制其数量。

源于景观资源特色的景点的类型主要有以下几种：眺望远景（如观日出、云海）、古迹、古建筑、神话、传说、典故、水景、山景、石景、动物、植物、古镇、乡村、稀有现象景观等。另外，还可从开发功能方面考虑景点的规划设计。

四、景点规划的步骤

1. 选景

选择有观赏价值的自然、人文景观，有开发潜力的游赏项目进行景点的规划设计，并注意与环境的协调一致。

2. 空间划分和组织

鉴于景点是以游赏空间为主的功能区组合体，因此景点空间须根据景观特征、游赏心理和使用功能的需要，进行合理划分和组织，以创造一个符合于审美要求与功能特点的有序景观空间。

3. 构景

构景是景点建设和游赏空间组织的核心与关键。它是根据不同的环境要素，借助已有景物，通过适当布置建筑或设施，达到人工美与自然美的结合，以形成新的景观面貌。

构景一般必须兼顾三个条件：景象实体、时间季节和空间环境。通过组织布置，选取不同的视角、视点和空间集合感受，运用组景方法，将三者有机地结合起来，以形成最佳的景观效果。

人文构景贵在提炼主题，并力求做到借物取势、布局裁剪、强化主题意境。但建筑布置须把握分寸，自始至终处理好与自然环境的关系。

自然构景应注意意境的营造，刘勰云：“目既往还，心亦吐纳”，因景生情，意犹未尽。所以自然物的构景设计、或“旷”蕴宽朗，或“奥”含深邃，或“野”味奔放，或“险”意登攀。由此对大自然加以精选、剪裁、加工、点化。做到需自然处则尽其自然。

五、景点设计手法

1. 提炼主题，进行剪裁

一般来讲，未经人工改造的自然物，显得单调、芜杂，主题不突出。若想把自然物转化为供欣赏的景物，需经过人工的概括、提炼、选择、加工，去杂存真，去粗存精，突出特色，突出主题，使天然美景独放异彩。这点可从杭州西湖的开发加以说明。

杭州西湖以自然山水为基础，“三面云山一面城”。周围群山，主峰高耸，客山奔驰，远高近低，起伏有致，近城处，山势渐伏，终至无形，有余音袅袅不尽之意。中间湖水不阔不深，边缘芦苇、蒲草等沼泽植物丛生。山水比例相当，给人以无闭塞感，只是湖景的主题不突出，环境单调、芜杂。但是，从唐代以来，杭州城不断扩大，成为江南政治、经济、文化中心，南宋时代又成为国家都城。经过李泌、白居易、苏轼等人多次进行治理，挖出淤泥筑成“二堤”（苏堤、白堤）、“三岛”（小瀛洲、湖心亭、阮公墩）、“六桥”（映波、镇澜、望山、压堤、东浦、跨虹），形成外西湖、西里湖、北里湖、小南湖和岳湖大小不同5个水面，使水域“扩大”，层次丰富，变化曲折，湖景主题突出，再加上轻巧得体的亭、榭、楼、阁、寺、塔的点缀，栽种各种树木和花卉，终于形成以湖景为中心、四时变化的十大名景，即三潭印月、苏堤春晓、曲院风荷、平湖秋月、断桥残雪、柳浪闻莺、花港观鱼、双峰插云、雷峰夕照、南屏晚钟，使“人间天堂”的西子湖名扬海内外。在这里人工美与自然美达到了高度的统一。

2. 点景引入

在规划中，常常会遇到被规划的景点是平淡无奇的峰岭，但它却是周围的制高点，有广阔的视野，赏景范围大，可一览周围风光，是选择鸟瞰景点的最佳处。在没有开发前，它只是一个空旷的空间，引不起游人的兴趣。可是，一旦山上有了建筑物，远远就会望到，自然空间变成被限定空间，人们自然会产生“谁家亭子碧山间”的疑问，引导游人去攀登，而且对整体景观也起到“万绿丛中一点红”的点缀作用。

3. 充实丰富自然景色

自然景色若没有人文内容，总会给人一种单调感和不满足感。如果能按照自然规律，把握住区域文脉，经人工的修饰，增加文化内涵，景观特点就会更集中、更突出地体现出来，内容更加丰富。杭州西湖经过疏浚后，在空旷的水面上修筑了堤岛，使湖景内容更突出、更充实了。加上历代文人墨客留下的诗词、典故和传说，自然景观与人文景观交相辉映，名扬天下。

第四节　游览路线规划

一、游览路线的含义

1. 指一个大的风景游览区域而言的游览路线

即旅游经营者或旅游管理机构向游客推销的产品。它包括两方面的内容：

① 时间上，从旅游者接受旅游服务开始到完成旅游活动，脱离旅游经营者或旅游机构为止；

② 内容上，包括这一过程中旅游者所利用和享受的一切，涉及行、食、宿、游、购、娱等各种旅游要素，各个环节必须密切配合，有机安排在事先确定的日程中，其中还包括全程的报价。它是根据旅游需求和供给两方面因素而设计的综合性旅游产品。

2. 指游人在某一旅游地的游人行动轨迹

即游览所经过的道路，是风景区或旅游地的游览道路系统。

在风景区或旅游地的游览路线规划时，应把两者结合起来考虑，才能设计出完整、合理的游览路线系统。

二、游览路线规划设计的内容

游览线组织的关键是组景。组景，就是按照美学和心理学的原理，通过组织游览线，使旅游者在游览中获得大量信息和快感，达到最佳的观赏效果。游览线一般由两部分空间形态组成：一部分是游赏空间，这是主要的；另一部分是过渡空间，主要起连接过渡作用。游览路线的规划要考虑把众多具有风景特征的景区、景点有机协调地组合在一起，使其具有完整统一的艺术结构和景观展示程序，起到联系空间和组织、划分各景区、景点及导游的作用。

过渡空间往往是不可避免的，但应力求缩小距离。间距适当，可起到良好的休息转换作用。间距过长，则易引起疲劳、单调，需要适当补充景点，弥补游线中的“情景空缺”。游览路线规划设计的内容如下：

① 游线的级别、类型、长度、容量和序列结构；

② 不同游线的特点差异和多种游线间的关系；

③ 游线与交通方式的关系；

④ 游程的确定，游程的安排由游赏内容、游览时间、游览距离限定。游程主要有一日游、二日游和多日游。

总之，游线组织与游程安排应当综合考虑景观特征、游览方式、游人体力与游兴规律等因素。

三、游览道路的类型及游览方式

1. 风景区的道路类型

根据路面宽度及其功能，分为主干道、次干道和游步道（游憩小道）三种。

① 主干道　这是联络各景区的主要道路，多为环形、8 字形，也有呈田字形、F 形的。主干道的游人量和交通量较大，路面是最宽的。具体的宽度要根据风景区的面积、游览方式、景观特点等因素综合分析后确定。一般有车辆通行的可设宽些，只供游人步行的则窄一些。

② 次干道　联络景区内各个景点的道路，在主干道不形成环路的情况下，可补充其不足。路面可设计得更窄一些。

③ 游步道（游憩小道）　这类游览道路在风景区中常见。一般宽 0.9～1.5m 即可。而汀步、山道更窄，宽 0.6～0.8m。游步道的形式多种多样，有青石板路、卵石路面、嵌草路面、山间小路、登道、浅水区的块石汀步、石桥、木板桥、树桩汀步等。

2. 游览方式

有空游、陆游、水游、地下游览等，丰富多彩。空游可利用缆车、索道、热气球、直升机等替代性交通，俯视远观。陆游，可分步游、乘车游（汽车、小火车、马车、驴车、狗爬犁等）、骑游（骆驼、马、牛等），别具风味。水游有游船、竹筏、木船等。

四、游览道路规划设计的原则和要点

1. 规划设计原则

① 满足生态的要求　不破坏有价值的地形、地貌，不影响植物的生长和动物的活动，如交通方式的选择，索道、高速公路的修建应慎重，草原、森林等区域的游线密度应小。

② 满足功能要求　将各景区、景点、景物等相互串联成完整的风景游览体系；引导游

人至最佳观赏点和观景面；组织景观空间序列：入景——展开——酝酿——高潮——尾声。主干道应形成环形游览线，让游人不走回头路；连接最具风景特征的空间形象，使其空间信息感受量最强、最大。一个风景区内可能有多条游览线，应把最具代表性的景点组织在一条主要游览线中，次要景点可组织在辅助游览线中。

③ 满足工程的要求　山地应避免破坏山体，尽量沿等高线走向，与建筑、河（湖、海）岸线间保持缩进。

2. 规划设计要点

① 组景有主题　从整体看，一条游览线内不要过多设置重复的景观，要有节奏感，有变化，注意动态、静态景观穿插，自然和人文景观组合，或以动物增加游兴，让游人保持新鲜感。

② 考虑视觉变化的规律，选择观赏景物、景点的最佳视距、视角，设置多个观赏点，开辟游览线，保证有最佳的风景观赏面，并注意景观序列的安排。

③ 行止灵活　各景区、景点之间的距离应适当，过渡空间不可太长。有景观提示，增强游人对景观的印象和感受，也可起到导游的作用。

④ 地形复杂的风景区，可设置不同类型的游览线，供不同年龄、不同兴趣爱好的游人选择，分流游人。

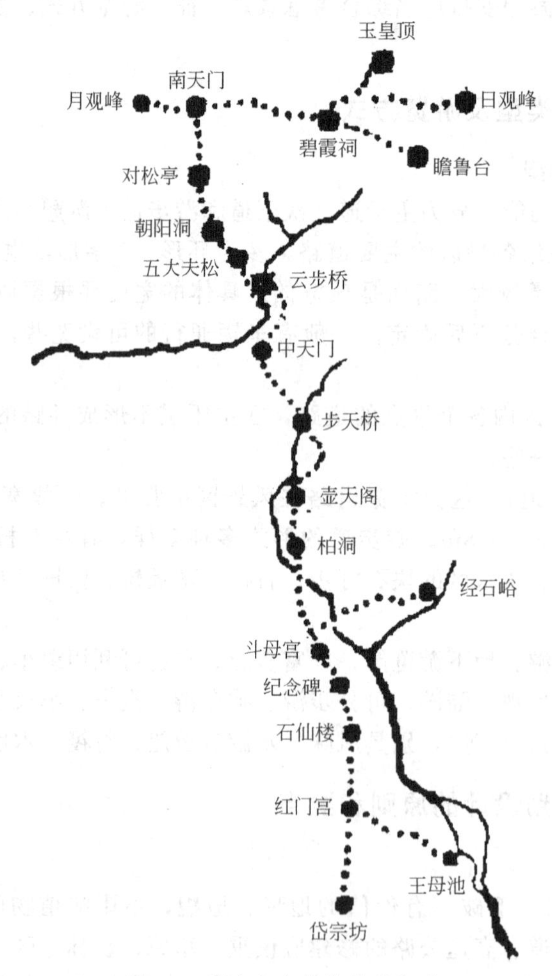

图 5-6　泰山十八盘的景观序列

⑤ 保证安全，设置必要的安全防护设施。避免“观景不走路，走路不观景”。

⑥ 注意运用自然线性连续景观空间或景物边界。如海岸线，溪流、河湖岸线，林缘线等。也可利用原有道路如田间、乡间小道，改建加固。

总之，游路的设计“宜曲不宜直，宜险不宜夷，宜狭不宜宽，宜粗不宜精”。

游览线的设计，是游人情绪活动的设计。一条优秀的线路，应像艺术创作中的篇章、布局、旋律与和声那样，确定游览线上各空间风景信息展现的特征、强度、次序、速率及起点、发展段、转折、高潮、终点的位置，向游人提供一系列具有整体联系的空间感受。如泰山十八盘起始于孔子登临处。“第一山”、“登高必自卑”点明主题；万仙楼景观较平淡，斗母宫、卧龙槐、听泉山房、奇云楼稍有突起；柏洞浓荫流水，是一行板式发展段；壶天阁峰回路转，至崖顶豁然开朗；后一段平坡转陡，石级抵中天门，仰视南天门一线，俯瞰山水全景，情绪大振；由激转平，云步桥、朝阳洞一线，景观密集，渐入高潮；越对松亭，历升仙境，两山夹峙，盘道转陡，南天门在望，全力以赴；既上南天门，奔玉皇顶，“一览众山小”，趋于最高潮；而后日观峰、瞻鲁台，是高潮后的余弦（图 5-6）。盘道一侧的径石峪为辅助游览线，其空间景界迥异，给人以主旋律中的和弦升音感受。

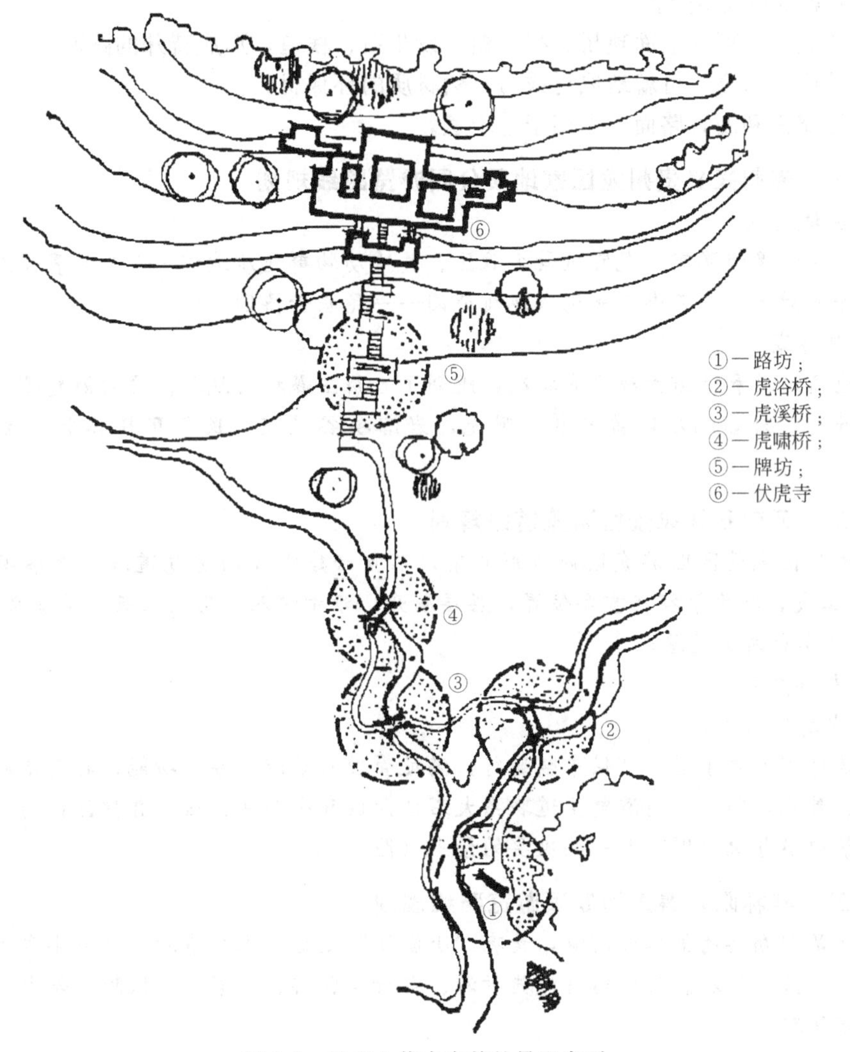

图 5-7　峨眉山伏虎寺前的景观序列

峨眉山的景观空间序列规划则考虑到轴线景观空间序列和竖向景观空间序列的安排。轴线景观空间序列：天下名山至报国寺（起景）——伏虎寺至中峰寺（过渡）——清音阁至仙峰寺（次 高潮）——洗象池至接引殿（续景）——金顶（高潮）——千佛顶至万佛顶（尾声）。竖向景观空间序列：平原区（起景）——低山区（过渡）——中山区（次高潮）——高山区（高潮）（图 5-7）。

五、游览道路的底面形式选择

游人的活动大多在底面上进行，底面构成的材料、质地、硬度、平整度、尺度、形式和高差提供给游人不同的风景信息和景观感受。风景区游路规划设计时应尽量就地取材，体现风景的自然性和原始性。以下是风景区常见底面形式。

① 自然土路面　提供了植被和土壤的信息，有松软的质地和自然的泥土味，有弹性，在缓坡草地、树木茂密的林中可布置自然土的游路，适宜作为徒步小径。

② 砂石路面　海滩、河滩会形成自然、光洁的砂石底面，在林中采用砂石路面可防滑。

③ 自然石材路面　如块石路面、石板路面、弹石路面，可提供自然力雕塑的信息，产生坚硬的视觉和心理感受。

④ 水体底面　可在上面建桥、亭、榭，设步石、栈道，形成特殊的路面。

⑤ 多种底面组合　可就地取材或仿自然材质的环保材料。

⑥ 水泥路面和沥青路面　多用于主干道。

案例分析一　贵州兴义贵州龙国家地质公园游览路线规划

1. 大区域游线

贵阳——黄果树瀑布、龙宫风景名胜区、关岭动物群地质遗迹——兴义贵州龙国家地质公园、马岭河漂流——云南石林国家地质公园——昆明世博园

2. 区内游线

根据地质遗迹和地质景观分布状况，规划了 6 条主题旅游线路。主要游览项目内容包括贵州龙科普游，岩溶地质地貌科普、观光，岩溶峡谷漂流，民俗风情体验，生态体验度假等。

案例分析二　云南石林风景区游览道路规划

石林风景区主景区因游览区内地形复杂，不宜修建很宽的游览道路，游路规划时抓住“曲”字下工夫，把主景摆在重要位置，层层展开，步步深入，形成三级的游路系统：

① 景外车行游览道路；

② 景内游览主道；

③ 景内游览次道。

总体是环形的主干道，可供车辆通行，满足管理和旅游服务的功能；再用羊肠小道穿插在各景区、景点之间，景内游览主道联系大石林景区和小石林景区，并把区内的主要景点串联起来，景内游览次道则联系一些次要的景点（图 5-8）。

案例分析三　桂林阳朔遇龙河专项游览路线规划

遇龙河是阳朔县的第二大河流，素有“小漓江”之称，水质清澈，具有丰富的岩溶地貌和田园风光，民风淳朴。景区内针对徒步游、自行车骑游、农家游、探险游等内容规划设计了专项游览线路.

1. 徒步专线游线路

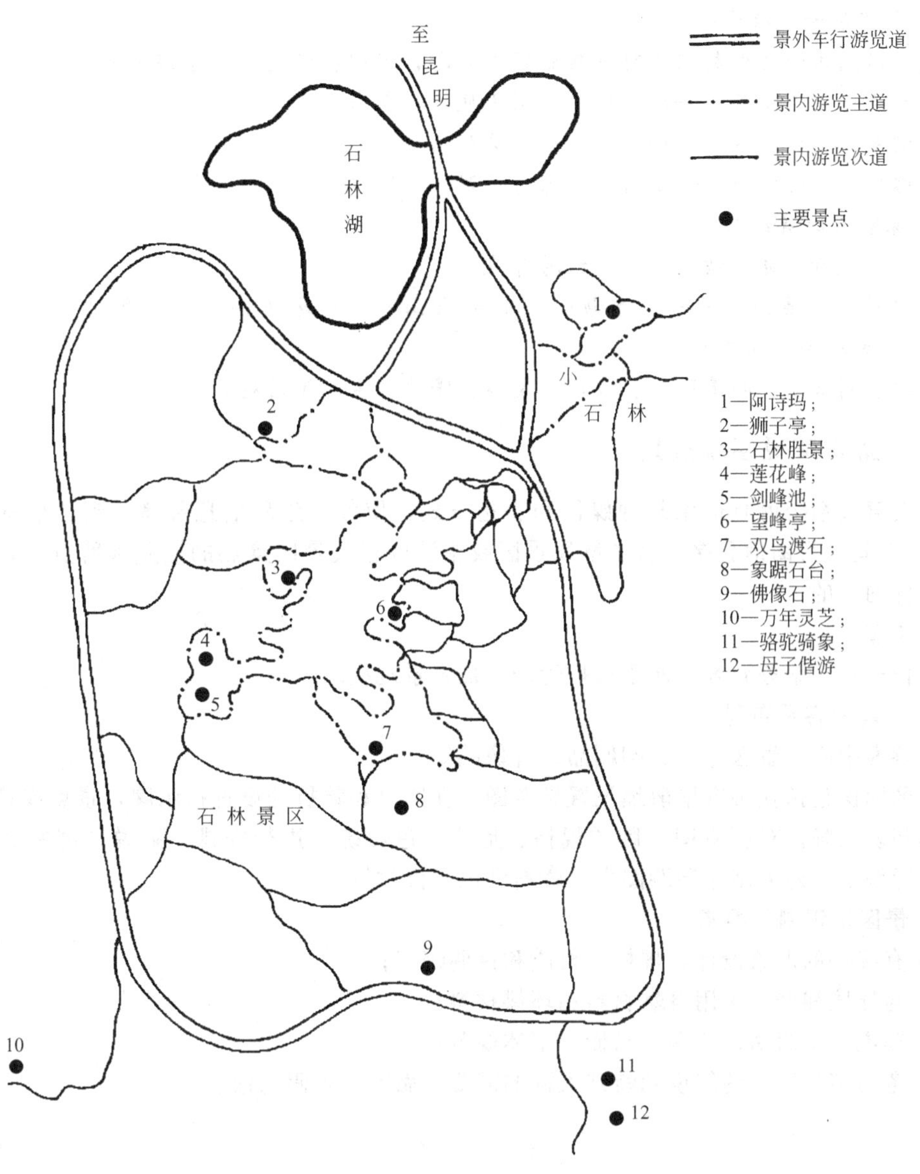

图 5-8　石林风景区游览道路规划图

因阳朔地区春夏多雨，乡间泥泞的小路不适合多数游客的要求，故路面铺设应较好，但人工化痕迹不能太重；沿途景观多变，层次丰富，对比强烈，游览时间以半天为宜。

从潘庄经桂花街至翠鸣谷，沿山间碎石路至奥德克，往上游至风车山庄和矮山门最后经朝阳寨由夏棠寨出景区。用时 4～6h。

从大榕树沿金宝河南岸往上游走，至凤楼村后拱水坝过河，沿山谷至遇龙河边同门岩石山，经新竹篼寨回潘庄，用时 3～4h。

2. 自行车专线游线路

对道路要求比徒步旅游更高，对坡度、弯度有一定的要求，但对路面铺设的要求可以降低，道路两旁以中景与近景搭配为主，沿途需要设置简易的停靠点。

遇龙桥——西牛塘——川山底——大石寨——双渡桥（向北）——夏棠寨

遇龙桥——西牛塘——川山底——大石寨——小珠头山——新竹篼寨——潘庄

3. 农家乐专线游线路

遇龙河周边的九处村庄均可开展农家乐旅游，可以在农闲季节接待游客。

金龙桥——遇龙桥——西牛塘——川山底——新寨

夏棠寨——朝阳寨——矮山门——小珠头山

大榕树——金宝河——川岩——老竹蔸寨——凤楼

4. 探险专线游线路

可徒步进行，也可结合自行车旅游开展。

夏棠寨——矮山门——拱水坝——小珠头山——大珠头山——龙潭村——桂荔公路（北）——大榕树（潘庄）

沿途看到果园、明清民居、农田、溪谷、峰林、古桥等景观。

六、游赏解说系统规划

游赏解说系统就是运用某种媒体和表达方式，使各种旅游信息传播并到达信息接受者（游客）中间，帮助信息接受者了解风景区或旅游区相关景区景点的性质和特点，并达到服务和教育的目的。

1. 功能

科普教育，服务游客，便于保护管理，加强景观提示。

2. 规划内容及布局

有游客中心、景区标识、印刷品、音像品等。

景区标识包括在游客聚散地设置导游图，在路口和转折处设置指示牌，景点或景区设置名称牌和说明牌。对所有图、牌的规格、形式、色彩统一进行安排。解说词需在详细规划阶段另行编制。还需制作导游图书、资料和电子读物等。

3. 景区标识制作要求

① 有统一的形象设计，规格、材质和色调统一；

② 与环境和谐，采用自然材料和环保材料；

③ 解说文字简明、科学、易懂、字体规范；

④ 考虑多种语言的解说和特殊人群的需要，做到无障碍沟通。

第六章　典型景观规划

第一节　概　　述

一、典型景观的构成的特征

① 能够提供给旅游者较多的美感种类及较强的美感强度；

② 其自身所具有的文化内涵，能深刻地体现出某种文化的特征和精髓；

③ 在大自然变迁或人类科学发展中具有科学研究价值。

二、典型景观规划的意义、目标与原则

1. 意义

在每个风景区中，都有代表性的主体特征的景观，还存在具有特殊风景游赏价值的景观。为使这些景观能长久存在、永续利用下去，在风景区规划中应编制典型景观规划。

2. 规划目标

为了能使典型景观发挥应有的作用，规划中应在保护的基础上突出其景观特征，充分考虑其在风景中所处的地位，合理组合典型景观和其他景观，制定科学的游览规划，使其发挥最大的生态效益、社会效益及经济效益，并且使其能长久存在，永续利用。

3. 典型景观规划的原则

① 保护典型景观的本体及环境；

② 挖掘和利用典型景观的景观特征与价值；

③ 妥善处理典型景观与其他景观的关系。

典型景观规划要求的深度比其他专项规划更为详细，规划涉及景点的平面和竖向的规划。典型景观规划是杜绝目前风景区的“城市化、人工化、商业化”现象的重要框架，它对风景区今后的详细规划、景点的设计施工以及景区的管理都起着相当重要的作用。

4. 典型景观规划的内容

① 竖向地形规划

② 地质地貌景观规划

③ 建筑风貌规划

④ 植物景观规划

⑤ 历史文物保护规划

竖向地形规划应符合以下规定：维护原有地貌特征与地景环境；合理利用地形要素和地景素材；对重点建设地段，必须实行保护中开发、开发中保护的原则；有效保护与展示大地标志物、主峰最高点、地形与测绘控制点；竖向地形规划应为其他景观规划、基础工程、水体水系流域整治及其他专项规划创造有利条件。

第二节　地质地貌景观规划

地质地貌景观规划包括山体、水系、溶洞、竖向等多方面的内容。

溶洞景观规划应符合以下规定：必须维护岩溶地貌、洞穴体系及其形成条件，保护珍稀、独特的景物及其存在环境；遵循自然与科学规律及其成景原理，兼顾洞景的欣赏、科学、历史、保健等价值；统筹安排洞内与洞外景观，培育洞顶植被；溶洞的石景与土石方工程、水景与给排水工程、交通与道桥工程等，应同步规划设计；溶洞的灯光与灯具、导游与电器控制等应有明确的分区分级控制要求及配套措施。

案例分析一　河南嵩山风景名胜区地质景观规划

1. 地质遗迹保护措施

① 根据《地质遗迹保护管理规定》，嵩山风景名胜区地质遗迹区属国家级保护区，按《地质遗迹保护管理规定》要求实施一级保护。

② 依据嵩山地质遗迹的分布特点，对构造遗迹点采用点状保护，对典型剖面采用线状保护，"点、线"结合。

③"嵩阳运动"、"中岳运动"、"少林运动"三次构造运动的不整合接触界面遗迹点，依据各遗迹点的出露范围划定保护边界。在每个遗迹点保护范围内，以出露最佳部位为基准点，通过基准点垂直不整合接触界面走向画轴线，划定轴线两侧各10m（共20m）的范围内为核心保护区；核心区向两侧各延伸20m为缓冲保护区；缓冲区以外20m至遗迹点保护边界的范围为实验区。

④"五代同堂"典型地质剖面的保护，是依剖面出露最佳部位为起点至终点划定剖面线，平行剖面线两侧各10m（共20m）的范围内为核心保护区；核心区向两侧各延伸20m为缓冲保护区；缓冲区再各外延20m为实验区。

⑤ 在每个地质遗迹点、线保护区的醒目位置，树立永久性《国家级地质遗迹保护区（点）》标志。正面标明批准单位及批准日期，背面标明保护条例。

⑥ 在地质遗迹点、线的适当位置，树立永久性《地质遗迹内容简介》碑。正面为"简介"中、英文对照，背面刻撰地质遗迹科普图解。

⑦ 构造运动地质遗迹保护区，按一定密度树立永久性边界标志。核心区边界根据地形条件树立石质护栏或隔墙，核心区与缓冲区之间用永久性标志（石桩）隔离，隔离桩上应有指示缓冲区及实验区的标记。

⑧ 地层剖面遗迹保护区边界按50m间距树立永久性界桩。在剖面起点、终点及重要地质界限（详细至地层组）均树立永久性标志碑，碑上有简介性说明。核心区与缓冲区的界桩间距为10m，缓冲区与实验区的界桩间距为25m，界桩上均标注指示性标记。

⑨ 任何单位和个人不得在风景名胜区范围内及可能对地质遗迹造成影响的一定范围内进行开山、取土、采石、开矿、放牧、砍伐及其他有损保护对象的活动，未经管理机构批准，不得在风景名胜区内采集各种标本及化石。违者送公安机关处理，直至追究经济责任和刑事责任。

2. 地质景观的开发利用

① 嵩山地质景观资源十分丰富，这些资源分布于嵩山的大小山岭，险峰绝壁之处。将所有的景观资源全部开发是不现实的，也是不必要的。应规划筛选出一些适合开展旅游的地

质景点和便于游客接近的地质遗迹景点划归到风景名胜区游赏活动的大系统中去，方便服务一般游客。对于那些有较高的历史价值和观赏价值，是嵩山重要地质历史见证但远离主游线的景点，要开辟专门游线。专业性地质科研科教活动，需要参观较多的地质景观，可以组织专项游线，适当扩大游览范围。

② 地质景点的选择，应以包含的地质地貌知识面广，赋有科学性、知识性、趣味性、典型性、代表性、独特性为原则，尽可能互不重复。

③ 地质景观突出展示嵩山风景名胜区地质遗迹“五代同堂”、“三大运动”。

④ 地质景点宜选择在游览交通干线附近，以便缩短游客步行的距离，尽可能考虑地质现象和地貌景点在小范围内的密集性，以便游客在有限的范围内看到足够的地质现象和地貌景观，减少旅途疲劳。

⑤ 在主要的游览线上，适当穿插一些地质景观，让游客参观、摄影，以丰富游览内容，普及地质科学知识。

⑥ 为了使游客在参观游览中，有一个舒适、理想的临时休息点或最佳欣赏点，在游览线适当位置，布置亭台等风景小品建筑，以便让游客更好地休息或欣赏。

⑦ 按照有关保护管理规定对嵩山地质遗迹进行保护和管理。树立《地质遗迹内容简介》碑，以图、文形式对地质遗迹进行科普介绍。

⑧ 在多功能的地质科研基地——地质博物馆，进一步完善科学研究、教学实验、标本陈列、简易实验等设施，形成既可以接待国内外各种专业会议、青少年地质夏令营，又能接待普通游人的活动中心，寓教育于娱乐之中，提高整个民族的科技文化素质。

⑨ 为了较为系统地集中展示嵩山地质史，在地质博物馆至法王寺沿线规划一条地质科普文化展示带，丰富地质旅游内容。

案例分析二　九寨沟风景名胜区钙华水景典型景观规划

1. 典型景观概述

九寨沟风景区是以高原钙华湖群、钙华瀑布和钙华滩流为主体的奇特风貌，在中国乃至整个世界上都堪称一绝。

① 钙华湖群　百余个湖泊，个个古树环绕。

② 钙华瀑群　有宽度居全国之冠的诺日朗瀑布。

③ 钙华滩流　以珍珠滩为代表。

2. 典型景观的作用

钙华水景是九寨沟风景区的主要景观，也是该风景区观赏价值最高的景观，是其生命所在。

3. 典型景观规划目标

通过完善的景点设施配备，把典型景观以最佳方式展现给人；并按景点容量控制游人规模，确保典型景观的永续利用。

4. 典型景观的利用

问题1：现有游步道偏窄，一般仅1～1.2m。

完善办法：风景区的地形状况特殊，许多地方为了不破坏自然土壤植被，不得不形成架空栈道，因而游步道的宽度受到限制。基于此，规划游步道的宽度定在1.5m左右。

问题2：现有景点的观景摄影台太少。

完善办法：通过实地勘察，把每个景点的观景点都找出来。充分发掘可能存在的观景点位置，设置观景摄影台，是完善典型景观的核心工作。

问题3：没有系统的景点标示，游人难以形成对景点的全面了解。

完善办法：设立系统的景点标示，用中英文简洁明了的注明景点的体量、特征等内容，加深游人对景点的了解。

5. 典型景观的保护

钙华水景的特点是生态较为脆弱。因而一方面在游览步道和观景摄影台的选线定点和建设方式上要注意不能破坏自然生态和景观环境，另一方面管理工作一定要到位。

第三节 风景建筑景观规划

风景区建筑是指风景区内为游览、观景、休憩、文化娱乐、接待服务、信息购物、工程、管理等而建造的各类建筑的总称，风景区的建筑除具备使用功能外，又与环境结合构成景观，故风景区的建筑又称风景建筑。

一、风景建筑规划设计的原则

1. 处理好建筑与环境的关系

环境是构成风景的主体，建筑应服从于环境的需要，风景是主角，建筑是配角，环境是创作构思的焦点。

风景建筑的规划设计应致力于表现建筑的美学特征，使之成为风景审美的对象。自然、人文风景中的建筑，其地位与作用是不同的。以自然风景为主的景点，建筑处于从属地位，仅起点缀、衬托的作用；以人文古迹或现代工程为主的景点，建筑以往往是构景的主体，起着点化主题的作用。但无论如何，自然环境与建筑的关系，总体上说，应是主角与配角的关系，要本着借助优势，因地制宜的原则，把握体量尺度和建筑形式，做到“宜亭斯亭，宜阁斯阁”、“因物造景，因景设亭”，使建筑与周围环境相协调，与景点意境相一致。

2. 考虑影响和制约风景建筑的环境因素

影响和制约风景建筑的环境因素主要有自然地理环境和社会人文环境两方面，另外风景区的性质和景观类型也会影响风景建筑的设计。

二、建筑与环境关系的分析

1. 山地与风景建筑的关系

① 山巅　即山之最高点，或称绝顶。山巅一般有尖顶、圆顶和平顶之分。山顶地势高，鹤立鸡群之上，犹如人首，最能反映山的气势。游人登上峰顶，具有无限征服感和快意；站在山巅，居高临下，纵目远眺，视野开阔，鸟瞰周围景色，会产生“登高壮观天地间”、“欲穷千里目，更上一层楼”的高远意境。因此，登顶活动常成为游览中的高潮点，给人留下终生难忘的记忆。山顶上布置建筑物，可以丰富山峰的立体轮廓，增加生气，又是游人登顶观景的最佳处。山顶多以亭、塔集中向上竖向建筑物居多，与高指蓝天向上气势的山峰相匹配。在山顶夷平面处，我国一些著名的山岳风景区多建寺观建筑。例如峨眉山金顶、泰山绝顶玉皇顶、天台山顶的天台寺、华山峰顶的真武宫等。

② 山脊　山脊是两个山坡的交接带，是两条河流的分水岭。山脊有的浑圆；有的窄如鱼脊，呈条状或线状延伸，连绵起伏而成岭。站在山脊，可观两面景色。九华山的百岁宫，建于摩空岭山脊的最北端，上下5层，东以悬崖为基，西临峡谷，群山环抱，云雾飘渺，是

山脊建屋的佳例。如昆明西山龙门建筑群，散布在滇池畔的险峻峭壁上，攀岩附壁，依山傍势，朝向风景面，占尽湖光山色，所有观赏点均可俯瞰滇池风光（图 6-1）。

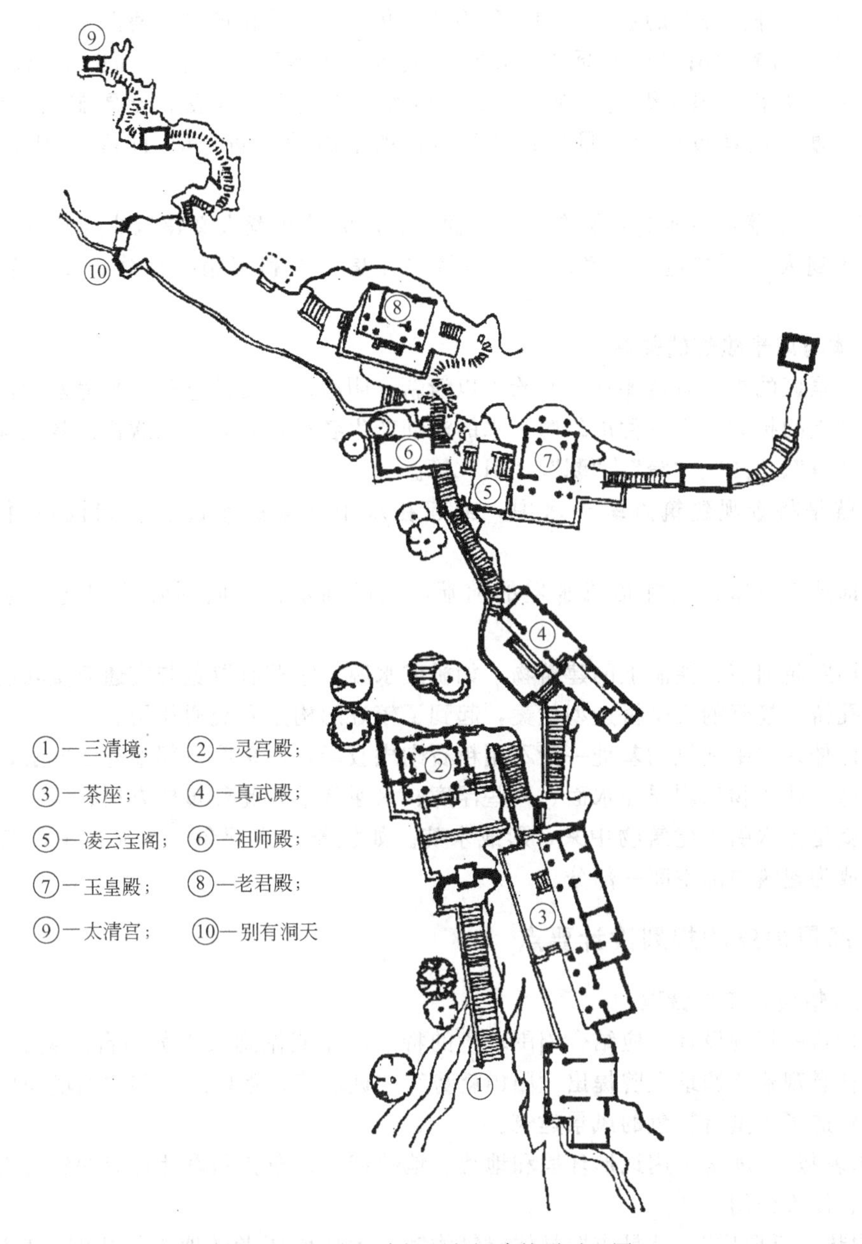

图 6-1　昆明三清阁至龙门建筑群平面图

③ 山坡　山坡是山顶至山巅的斜坡，分直形坡、凹形坡、凸形坡和阶梯状坡。因为坡地地域广大，视野开阔，可仰观山岭峰峦、俯视锦绣田园，因此山坡建筑可选择性也大。在凸坡或阶梯状坡，可环视三方，露而不涵，并同周围的峰、峦、麓环境相呼应。建筑可随山势陡缓，前低后高，旁低中高，分段叠落，参差布置，产生动的景观效果。例如：杭州的虎跑寺沿着山坡地布置，自前至后逐渐升高，建筑参差错落，空间院落交替穿插，有着浓厚的寺观园林气氛。凹坡，“山腰掩抱，寺舍可安”，幽曲而含蓄，隐殿宇于林间，露屋脊于树梢。此环境最适寺观建筑，如嵩山嵩阳书院、泰山普照寺和峨眉山的伏虎寺。

④ 山间盆地　在山地中，受构造作用，形成山谷小盆地。这里径流丰富、清溪相伴，风力小，空气清新，土壤肥沃，植被茂密，有良好的生态环境。在此布置建筑物，有“深山藏古寺”和“世外桃源”的意境。如九华山的九华街、武夷山的“小桃源”等。

⑤ 山麓　山麓为山地与平原地形转折过渡带，山麓环境：北山面向平原，地面组成物质多由冲积物和洪积物组成，地势平缓，地表水与地下水丰富，土质肥沃，森林茂密，交通条件方便。适宜布置大体量的景观建筑，如泰山的岱庙、华山的西岳庙、衡山的南岳庙等。

⑥ 峭壁　峭壁是山地受断层作用的界面。利用峭壁布置人文建筑成为险景，使游人望而生畏，达到人工“神造”的意境。恒山悬空寺是一处利用峭壁而建、以险著名的成功建筑。

2. 水体与风景建筑的关系

水是风景区的重要景观要素。水给人以清新、明净、亲切的感受；平静水面的倒影，景物成双、使空间扩大，有一种虚幻感：水的流动产生各种声音，令人欢快。景观建筑选址主要可分为“点”、“凸”、“跨”、“飘”、“引”等。

点，就是将景观建筑点缀于水中，或建在水中孤立的小岛上。如杭州西湖的三潭印月。

凸，即建筑物布置在岬角或水堤的前端，三面临水，一面同陆地相连，与水面结合紧密。

跨，即跨越河道、溪涧上的建筑物，如桥或水廊。它兼有游览与交通双重功能。如颐和园的十七孔桥、扬州的五亭桥造型优美，起到了较好的构景和交通作用。

飘，即伸入水中建筑的基址一般不用粗石砌成驳岸，而采取下部架空的办法，使水漫入建筑物底部，建筑物如漂浮在水面。一些浮廊、水榭常采用此种布局方法。

引，就是把水引入建筑物中来，形成水院。如杭州玉泉观鱼，水池在中，三面轩庭环抱，水庭成为建筑内部空间一部分。

三、风景建筑的规划设计要点

1. 选址恰当，布局合理

风景建筑的规划设计，应结合周围环境的特点，才能做到人工美与自然美的高度统一。我国古代在景观建筑选址上曾提出“因山就势”、“远取势、近取质”和“因境而成”的设计思想，并建造了大量有特色的风景建筑。

“因山就势”，就是利用地形环境和地势、地貌特点，布置和设计相应的建筑物，对环境起到点缀、修饰作用。

“远取势，近取质”，就是布置具体建筑物时，大环境要考虑地貌特征即“势”，而小环境要考虑地面的岩性及风化后形成的景观形象即“质”。因此，在建筑中要考虑“势”与“质”，考虑远眺与近观，充分利用地形地物，使人工与自然融为一体。

“因境而成”，就是在建筑中不要破坏环境，不要大规模平整土地，利用小环境建成相应的建筑，使人工建筑与自然环境珠联璧合、相得益彰。

① 风景建筑应当尽量布置在空间界面的特征点上。要善于利用地势、地貌特点来布置风景建筑，可选择一些有代表性的特征点，如制高点地势突出，视野开阔，可多处借景，成为控制性景观，是风景建筑的最佳选择，游路交叉口和转折点，因游人的行进方向突变，成为多个方向的视线焦点，可布置风景建筑，一些景观和地貌的标志的或特异点，可设置风景

建筑强调景观，又为游人提供观赏点。如峨眉山清音阁的牛心亭，建于溪流中的牛心石上，两旁水流湍湍，架双桥与两岸相连，形成“双桥清音”的独特景观（图 6-2、图 6-3）。若游览的行程过长，会出现一些景观空白点，易让人产生疲劳，布置风景建筑可使景观延续不断，使游人保持游兴。

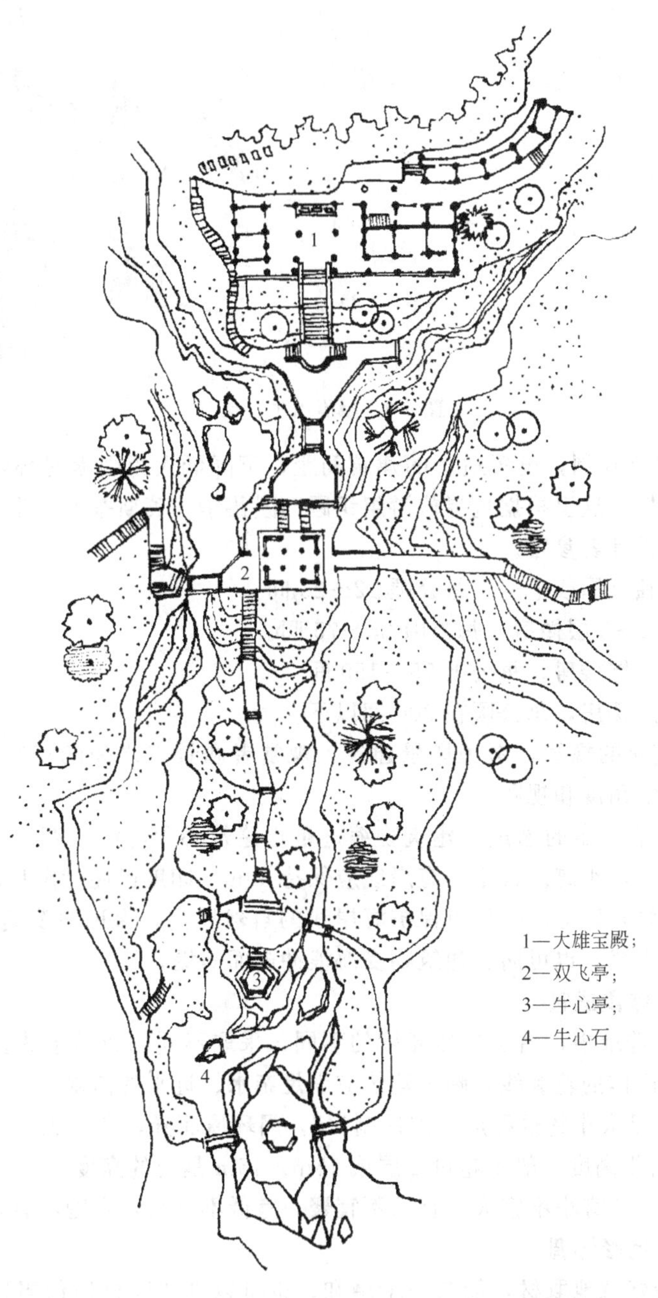

图 6-2　峨眉山清音阁平面图

② 不破坏原有的景观格局，旅游设施应远离主要景点，如美国大峡谷国家公园谷底是主景区，服务设施就设在峡谷的山顶平地上，而约瑟米提因主景在山顶，旅馆就设在谷底。

厕所、污水处理厂、垃圾处理场、停车场等应建在游览区、娱乐区、野营区全年主导风向的下风侧，以减少污染。

图 6-3　峨眉山牛心亭

③ 建筑密度严格控制，设置适宜的建筑间距，可降低人为因素对环境的影响，保持风景的自然性和原始性。这里根据世界旅游组织顾问爱德华·英斯基普先生的研究提出下列规定，供实际规划和设计者参考。

极低密度：为独立屋或平房，每公顷 12～25 间。

中低密度：为 2～3 层楼房，每公顷 25～75 间。

中高密度：为 4 层楼房，每公顷 75～150 间

高密度：为高层楼房，每公顷在 300 间以下。

④ 根据视觉变化的规律，考虑风景建筑、观赏者和景点之间的相对位置和合理距离，让游人有最佳的观赏角度和视距。

⑤ 风景建筑应有一定的缩进。建筑物缩进是指建筑必须与海（湖）岸线、道路、建筑物地基分界线保持一定距离。其中与海岸线应保持 50m（印度巴厘杜阿岛海滨）～60m（多米尼加波多普拉海滨）以上。这样可保护海岸线的自然风貌，保证海滨地带成为共享空间，保护游客活动不受干扰，也可防止建筑物受海浪冲击而崩塌。

2. 造型得体，体量适宜

① 在人工建筑选址中，由于自然环境的不同，采取不同的建筑形式。山体的建筑要与山势融和，不破坏山体的轮廓线，临水建筑应满足亲水、近水的需求。

② 风景建筑体量大小的选择应“因地制宜”，因环境而异，即“大环境，大体量。小环境，小体量”。建筑物高度一般不超过 4 层或 15m。15m 是树的高度。

总之，风景建筑“宜小不宜大，宜散不宜聚，宜低不宜高，宜隐不宜显”。

3. 选材得当，色彩协调

① 风景建筑最好就地取材，能与环境融和，也可以现代建材模仿当地材料。山地的风景建筑质地可粗糙些，简洁朴实的外形易和周围的山地融合，而临水或跨水而建的风景建筑质地可细腻些，会显得轻巧、通透。如江南水乡民居多为粉墙黛瓦，山村则板墙草舍或石砌木楼，步道也多为青石板。这些浓郁的乡土风格，在新的景点建筑规划设计中也要继承运用。

② 风景建筑的屋面和外墙的色彩与周围环境协调，材料、工艺和内装修等也要注意与

环境融和。

风景建筑中，细部处理也十分重要，而且还要广泛运用建筑小品，做到“小中见大”，发挥一般建筑大势不能起到的独特作用。建筑小品功能简明、体量小巧、造型别致、富于特色，并讲究适得其所。它们是形成完善的建筑空间和造园艺术不可忽略的组成要素之一。

4. 风格统一，个性鲜明

① 一个风景区应有一个统一规划的建筑风格，所有的风景建筑应与规划风格协调，切忌“大杂烩”式的设计。对面积较大的风景区，在大统一的前提下，局部景区可以有小的变化，相邻景区之间的建筑风格应有过渡，不能反差太大。

② 各地的风景区应创造出不同的风景建筑风格，以体现出特有的地理、人文内涵，形成自己鲜明的个性。中国传统的园林建筑和各地的乡土建筑造型丰富，具有深厚的文化内涵，可借鉴。

四、风景建筑的规划规定

风景建筑规划应符合以下规定（《风景名胜区规划规范》）。

(1) 严格保护文物类建筑、保护有特点的民居、村寨和乡土建筑及其风貌；

(2) 新建筑不得与大自然争高低，在人工与自然协调融合的基础上，创造建筑景观和景点；

(3) 布局应因地制宜，尽量减少对原有地物与环境的损伤或改造；对原有风景建筑或民居建筑的处理，如是否保留、迁移或拆除等；

(4) 对各类建筑的性质与功能、内容与规模、标准与档次、位置与高度、结构类型、体量与体形、材料、色彩与风格等，有明确的分区分级控制措施；

(5) 在景点规划或景区详细规划中，对主要建筑提出：①总平面布置；②剖面标高；③立面标高总框架；④同自然环境和原有建筑的关系等四项控制措施。

案例分析　新疆喀纳斯地区贾登峪综合旅游基地建筑风格控制规划

① 建筑结构可用木结构（比例占到60%以上），体量较大的服务性建筑可用钢筋混凝土结构，建筑室内室外均要达到防火要求，严格按照国家及地方有关规定执行，以一层建筑为主。

② 旅馆单体建筑层数不得超过两层，可充分利用坡顶空间。

③ 旅馆单体外观要表现出木屋特征，屋顶必须做坡顶，坡度与民居相仿，基本大于45度，建筑形式简单、朴实，门窗等外观细部以朴素简洁为原则，参照当地民居的形式。

④ 建筑色彩朴素大方，以保留原木本色为主，屋顶色彩做到统一协调，严禁大红大绿的色彩出现，要与山地林木的大背景相协调，强调其整体感，避免不协调个体的突出。屋顶色彩以蓝、绿色为主。

⑤ 与规划风格不协调的现有建筑应当拆除或改建。

第四节　植物景观规划

风景区的植物景观规划主要包括风景林的保护和改造，风景建筑和游览道路周围的植物配置，以及防护林、水源涵养林、经济林等的营造和荒山绿化等。

一、风景林的景观特征

凡是具备并能发挥其风景效应的森林称为风景林。不同的风景林有不同的特点和景观。风景林的形式必须与该地的地貌和周围环境的总体风景格调相协调。它们的色彩、结构和外形都决定着其景观外貌。风景林的景观特色主要由以下因素决定。

1. 林相

林相是森林群体的基本面貌。由构成森林树木的树种、组合状况与生长状况所决定。不同风景林有不同的林相。森林有常绿林与落叶林之分。常绿林与落叶林的林相，特别是在落叶期间是很不相同的，前者茂密、郁闭、阴暗与幽深，而后者则相对稀疏、通透、阳和与显露。落叶树与常绿树的混交林，则介于二者之间。树木还有针叶树、阔叶树与大叶树之分；松、杉、桧、柏林表现出挺拔、坚强与厚密的效应；桦木、壳斗、桉树林表现圆钝与粗疏；榆树、柳树、合欢及银桦则显得十分柔和。一般针叶林的林冠线是屈曲起伏的，而阔叶林则往往是平缓的，由棕榈、椰子及槟榔等树木所组成的大叶林则有潇洒的意味，灌木林与乔木林也有不同的效应，前者往往是平视与俯视的效应，不发生雄伟、高大的感觉；后者在仰视的情况下会对比出人身的渺小，进入林中便感到渺茫。疏林、密林，林间空隙的大小，林下有无下木或草本，一层林冠还是多层林冠等，都表现出不同的林相而给人以不同的景观感受。

2. 季相

季相是林木或森林因季节而不同其面貌之谓，同一风景林由于季节的不同景观也有所不同。不同林相的风景林，其季相变化更为明显。能否表现出明显的季相，林木的种类是主要因素。温带地区，四季分明，季相也是明显的。“繁花似锦，百草含芳；浓荫密枝，万木向荣；白萍红树、山瘦林薄；长松点雪，枯木号风”；这就是对季相的一种描述。不是所有树木都在春天开花，但人们总把春天看作开花的季节，而有花、繁花就成为春天的季相。也不是所有树木的树叶到秋天都会变红，但人们为了突出秋天的季相，总是在风景林中配置秋红的观叶植物，阔叶树很能表述夏日的景观；而干枝屈曲突兀的树木就能够同雪景相配合而强调出冬景效果。我国传统，以桃、梧桐、枫与梅作为春夏秋冬的象征，正是由于这些树种能充分表现出不同的季相。

3. 时态

树木晨昏的面貌不同，表述出森林的时态。有的植物花是早晨开放的，到晚上就闭合起来，大多豆科植物的叶片是早上展开，入夜闭叠的。风景林时态的景观效应虽不强烈，但也有突出树木是有生命的和具有丰富变化的效应。

4. 林位

风景林与赏景点的相对位置关系，使人们对森林的欣赏有视域、视距与视角的不同，对森林的感受有局部还是全貌，外观还是内貌，清晰还是模糊等不同。在景观上模糊也是有价值的。相对位置的不同，使人们对森林的欣赏视角不同，产生平视、仰视和俯视的效应。在仰视的景物中景物显得雄伟高大，对比出自身的渺小；俯视则令人自豪。

5. 林龄

宏观地说，森林不过是地球表面植被演替的过程，森林的年龄意味着植被演变中的各个时期；一般来说，森林的年龄有幼年林、壮年林与老年林等。林龄能决定林相从而表现出不同的景观，高大还是矮小，稀疏还是茂密，开朗还是郁闭，幽深还是浅露。风景林的季相也受林龄的支配，季相的出现有迟早、持续、有久暂，表现有充分或含糊；高龄树木高大的形体、露根、虬干、曲枝等形状与兀立刚劲的姿态，都能给人以深刻的印象，铭记着一个风景林的雄伟、苍劲与永恒的景观效应。

6. 感应

林木接受自然因子而迅速作出能为人类感官所感受的反应，较为突出的是接受风力的作用所产生的效果。气流通过细小，均匀的树叶空隙所起的振动，使森林能发出如海涛汹涌一般，又如雷鸣一般的声音就是“松涛”。松涛既能加强风景林的气氛，还不受视线的阻挡而起着引人入胜的作用，枝梢柔软能接受风力的作用而不断变换树形，就能表现出不同的姿态，使人感到景物生动的意味，“柳浪”就是这样。林木叶面的朝向近乎一致，有强烈反射日光的效果，能使景色更为辉煌。

7. 引致

由于森林的存在而伴随存在的事物中，有含烟带雨、荫重凉生、雪枝露花等，都能增添景观的妍丽和游憩的舒适。还有鸟踪兽迹、蝉鸣蝶翩出没于林间，景观就更为生动与自然了。蝉声是听觉上的效果，与松涛一样不受视线的限制而起着引人入胜的作用，蝉在夏季才有，还有加强季相的作用，“蝉噪林愈静，鸟鸣山更幽”是我国古人对动物的鸣叫能增添自然气氛的写照。

二、风景区植物景观规划的原则

风景区的植物景观规划要充分利用原有的自然植被，考虑植物相互依存的生态关系，建立合理的植物群落，形成一个自然均衡的生态系统，在满足功能的前提下，注重植物的造景特色及景观的整体环境效果，并考虑植物的观赏价值和生态价值。

1. 在保护好现有的天然林群落类型的基础上，进行风景林的改造设计。

① 对优势种（建群种）不能随意改造，对从属种可以适当进行改造。选择组成群落的优势种（建群种）作为骨干树种，选择具有不同层次的叶色、花色、果色的树种作为从属种，进行林相的改造。

② 对天然次生林和人工林进行抚育改造，调整林木组成，做好防治病虫害和森林防火等，人为破坏和退化严重的林地进行封育保护或加大改造力度，提高森林群落的风景价值和生态价值。

2. 因地相宜。

① 按照植被演替规律，根据不同立地条件，通过适地适树的途径，模拟地带性（水平地带性和垂直地带性）类型，规划一个多功能的复合型森林生态系统，形成和谐、有序、稳定的多层、复合的人工群落。

② 树种无公害和病虫害，观赏价值高，景观效果好。

③ 尽量采用乡土树种，引种外来树种应慎重，避免“生物污染”。

④ 不同的地段采用不同的种植方式，建筑群周围的种植可细腻、精致些，远离建筑群的自然林地中，则可粗放些。

三、植物景观规划的方法

1. 放任

在人力之所不及或无关于风景区景观的自然植被，从植物演替的角度出发，采取绝对放任措施，排除一切对自然植被有害或有利的人为干预，非但土崩、水蚀不加防范，也不允许人力的救援，即使是发生了严重的病虫灾害或火灾，也不允许防治或扑灭。这类放任的做法是对自然植被的一种尊重和保护，如美国的一些国家公园就采用这种方法。但中国的风景区一般是不采取放任的。

2. 保护

凡符合风景区景观的要求，能增进景观效果的自然植被，都属于保护之列。绝大多数风景区的自然植被是采取保护措施的，使之不遭受任何损害与破坏，不论是人为的损害还是自然界的病、虫、风、雷、雪、火、土崩、水蚀等的损害。从建立风景区起，对于古树名木，稀有植物与濒危物种等，更应是保护的重点。补植、封山等都是可取的手段。建立规章制度与立法的保护，也是重要的一环。

3. 调整

为了强调景区或局部的特色及与其他景观间的协调，对林相的效应有不同的要求，有把针叶林改变为针阔混交林；把常绿林改变为常绿落叶混交林；还有把草原逐渐改变为乔木林、灌木林等。如果感到单纯的林相单调而枯燥，应加以点染，使色彩、明暗、轮廓等丰富起来，补种与配置观形、观叶、赏花、闻香等植物。尽管这些改变是分段落的、长时间的过程。为突出季相，使林缘线、林冠线清晰或曲折，就要使林相丰富起来。林相的调整应考虑植被的演替规律和原有植被的群落结构进行。

四、植物景观规划的规定

植物景观规划应符合以下规定（引自《风景名胜区规划规范》，1999）：

① 维护原生种群和区系，保护古树名木和现有大树，培育地带性树种和特有植物群落；

② 因境制宜地恢复、提高植被覆盖率，以适地适树的原则扩大林地，发挥植物的多种功能优势，改善风景区的生态和环境；

③ 利用和创造多种类型的植物景观或景点，重视植物的科学意义，组织专题游览环境和活动；

④ 对各类植物景观的植被覆盖率、林木郁闭度、植物结构、季相变化、主要树种、地被与攀缘植物、特有植物群落、特殊意义植物等，应有明确的分区分级的控制性指标及要求；

⑤ 植物景观分布应同其他内容的规划分区相互协调，在旅游设施和居民社会用地范围内，应保持一定比例的高绿地率或高覆盖率控制区。

案例分析　石林长湖风景区植物景观规划

一、分区规划简介

长湖景区的规划分为入口景区、滨水景观区、野营活动区、集会广场区、生态林区等景区。入口景区是长湖唯一的出入口，是整个景区的门脸，其中包括大门和园务管理处；滨水景区包括长湖及湖滨地带，可开展水上活动和环湖观光，是长湖景区的主体；野营活动区设置在长湖北岸的林间空地，主要开展野营及烧烤活动；集会广场区设在长湖东岸的平地，可举行篝火晚会和歌舞表演，并设置餐厅、小卖和自行车出租处，方便游人使用；生态林区包括主景区四周的山林地带。

二、植物景观资源现状

1. 原生植被

根据野外调查，景区内原有植被类型多样，植被类型主要有以下几类。

① 滇青冈林（From. *Cyclobalanopsis glaucoides*）　主要树种为滇青冈、野漆树、滇油杉、滇合欢、清香木、滇朴、云南柞栎、山玉兰、头状四照花等。

② 元江栲林［Form.（*Castanopsis orthacantha*）*delavayi*］ 主要树种为元江栲、滇石栎、云南松、旱冬瓜、麻栎、香叶树、厚皮香等。

③ 黄毛青冈林（Form. *Cyclobalanopsis delavayi*） 主要树种为黄毛青冈、滇青冈、碎米花杜鹃、野山茶等。

④ 栓皮栎林（From. *Quercus variabilis*） 栓皮栎、麻栎、火棘、旱冬瓜、盐肤木等。

⑤ 云南松林（Form. *Pinus yunanensis*） 主要树种为云南松、麻栎、高山栲、滇油杉、华山松等。

⑥ 灌木林 主要灌木种类有火棘（*Pyracantha fortuneana*）、碎米花杜鹃、野山茶、清香木、厚皮香、马桑、青刺尖、棠梨、小铁仔、矮杨梅等。

⑦ 草地 长湖的这一植被类型主要分布在沿湖地带和森林平缓处，植物种类十分丰富，有蕨类植物、滇紫草、沿阶草、兔儿风、狗牙根、画眉草、龙胆、芒种、野牡丹等，湖岸分布有芦苇、三棱草、灯心草等沼生植物，湖中有天然生长的水草。

2. 人工植被

景区内人工补植漆树、栾树、核桃、黄槐、头状四照花、鸡爪槭、清香木等树种，长势良好。

三、植物景观规划

1. 规划原则及特点

景区内原有植被以常绿树种为主，缺少色彩和季相变化，为增加植物景观的多样性，考虑植物的形、色、香、嗅，结和景点的规划，在风景建筑的周围、游路两旁及林间，可适当增加一些树形优美、冠大荫浓的风景树，种植观叶树、观果树、闻香和开花鲜艳的花灌木，丰富景区的季相变化和层次变化，做到四季有景可赏，同时能满足游人的各种休闲活动。植物配置尽量采用丛植、片植、林植等自然的种植方式，以维护和增强景区的自然气息。

2. 景区、景点及游览道路的植物规划

① 入口景区 入口景区的景观给游人以第一印象，因现有大门造型较为规整，拟在大门两侧配置形态优美和花、果鲜艳的灌木，如火棘、杜鹃、山茶、南天竺、金丝桃、月季等，进行自然式的基础种植，软化大门的生硬线条，营造自然轻松的环境氛围。入门后车行道两旁以滇朴、枫香和桂花间植，滇朴和枫香秋季叶色变化，随着车行道的延伸，在深秋时形成枫叶夹道的秋季景观。

② 滨水景观区 这一景区是整个风景区的精华部分，长湖的西南有两个小岛，可作为水上活动的交通枢纽，也可与湖岸景观形成对景，丰富景观层次，由于小岛相对湖面的标高较低，岛上植物选择湿生性树种为主，其中一个小岛配置大量鸡爪槭，起名为红枫岛，鲜艳的色彩给小岛带来无限生机。

长湖沿岸多为草地和一些沼生植物，在春季和盛夏时节，草地上的各种野花竞相开放，异彩纷呈，漫步在酥软的草地上，幽香扑鼻，远处的山峦倒影在清澈的湖水中，让人心旷神怡。但岸边缺少高大的乔木，景观略显单调，特别是夏季游人徒步或骑自行车时，没有遮阳树种，秋季的景观也不佳，可在沿湖岸及湖中小岛上种植水杉、池杉、杉木、垂柳、云南柳等湿生性的树种，保护湖岸，使其免受湖水的冲刷，可起到遮阳的作用，让游人觉得舒适，还可丰富长湖的岸线和天际线，丰富景观层次。

③ 野营活动区 长湖风景区的旅游接待尽量采取区内游、区外住的方式，景区内及附近不建造旅馆，旅游接待有两种形式，一是临时性的林间野营，二是村民家庭接待，把离景

区最近的尾则村和阿着底村作为接待基地，让游人了解和体验到撒尼人的民俗风情，增加旅游的乐趣，也可带动当地经济的发展。

野营活动区主要是针对青少年设置的，为方便活动，多选择地势相对平缓的地段，植物配置的风格可活泼一些。在林间间植枫香、三角枫、鸡爪槭等色叶树种，丰富景区的色彩和层次，在缓坡地带以不同色彩（叶色、花色）和高度的植物搭配，形成一些局部以植物为主的景点，如梅、桃、腊梅、杜鹃、桂花等，中间留出一部分空地，为游人提供天然的共享空间，方便交流和游憩。

④ 集会广场区　聚会广场区的游人密度相对较大，是公共设施集中的景区，人工气息较浓，植物配置以自然的种植方式为主，可适当引种一些适宜当地生长、景观优美、养护管理方便、不易得病虫害的树种进行配置。

风景建筑如茶室、游船码头、小卖部、出租处等的外墙和屋顶可用一些观赏价值较高的攀援植物进行装饰，墙角采用自然式的基础种植，以掩盖建筑的硬线条，保持风景的原始性和自然性。

⑤ 生态林区　为保护整个风景区的生态环境，根据景观质量和生态保护的要求，长湖应划定一级（核心）景观保护区、二级景观保护区和三级景观保护区。生态林区是必须进行严格保护的一级（核心）景观保护区，严禁引种外来的植物，只能采用乡土树种进行配置和调整。

长湖风景区的原有的优势树种之一——云南松由于受到小蠹虫的严重危害，植物景观受到影响，规划中对长湖景区的林相进行改造，对以云南松为主的群落，补植滇青冈、栓皮栎、华山松、云南油杉、麻栎、滇石栎、高山栲等适宜生长的乡土树种，逐渐淘汰云南松，形成以滇青冈和华山松为主的林相结构。

⑥ 游览道路　车行道两旁以滇朴、枫香和桂花间植，营造浓郁的秋景；增加色彩的变化。自行车道和游览小道旁均采用自然的群落式种植，尽量保留原有的植物群落现状，不得进行人工修剪，让充满野趣的小道成为长湖风景区的特色之一，给游人留下深刻印象。

四、树种选择

① 乔木类　滇合欢、华山松、滇青冈、云南油杉、栓皮栎、石楠、麻栎、滇石栎、滇朴、山玉兰、白玉兰、紫玉兰、梅、柿、山楂、桃、香叶树、李、樱桃、木瓜、垂柳、云南柳、枫香、三角枫、香椿、水杉、池杉、落羽杉、杉木、圆柏、刺柏、侧柏、黄连木、清香木、头状四照花、女贞等。

② 灌木类　火棘、杨梅、棠梨、平枝旬子、十大功劳、碎米花杜鹃、马缨花、荚迷、含笑、石榴、南天竺、垂丝海棠、山楂、花椒、小叶女贞、厚皮香、云南山茶、金丝桃、腊梅、木芙蓉、叶子花、鸡爪槭、月季等。

③ 藤本类　迎春、爬山虎、红素馨、蔓性蔷薇、常春藤、刺悬钩子、金银花等。

④ 竹类及其他　金竹、箭竹、麻竹、慈竹、棕榈、芭蕉等。

第七章　游览服务设施规划

第一节　旅游规模预测

主要指旅游需求量预测或游客容量发展预测。风景名胜区规划的一项重要任务，就是确定规划期内的游客规模。这是平衡旅游供需、安排设施规模、计算开发效益的直接依据。影响游客规模的因素很多，需要在旅游市场调研中逐一解决。其中根本的影响因素有：区域旅游购买力水平；客源地区位及经济距离；风景区的资源与设施吸引力。

一、游人与游览设施现状分析

主要包括以下内容：客源分析预测与游人发展规模的选择；游览设施配备与直接服务人口估算；旅游基地组织与相关基础工程；游览设施系统及其环境分析五部分。游览设施现状包括风景区内设施规模、类别和等级等状况。

二、旅游市场客源现状分析和预测

客源分析与游人发展规模选择应符合以下规定：

① 分析客源地的游人数量与结构、时空分布、出游规律、消费状况等；

② 分析客源市场发展方向和发展目标；

③ 预测本地区游人、国内游人、海外游人递增率和旅游收入；

④ 游人发展规模、结构的选择与确定，应符合表 7-1 的内容要求；

⑤ 合理的年、日游人发展规模不得大于相应的游人容量。

表 7-1　游人统计与预测

项目	年度	海外游人		国内游人		本地游人		三项合计		年游人规模/(万人/年)	年游人容量/(万人/年)	备注
		数量	增率	数量	增率	数量	增率	数量	增率			
统计												
预测												

（来源：《风景名胜区规划规范》，1999）

三、客源市场及定位

1. 客源市场的定义

旅游客源市场是指一定时期内，某一地区中存在的对旅游产品具有支付能力的现实的和潜在的购买者。形成旅游客源市场必须具备旅游者、旅游购买力、旅游购买欲望、旅游距离、旅游购买权利等要素。旅游者数量是旅游客源市场规模的表现。

对某一旅游接待地来说，旅游者数量越大，所需旅游产品数量越大，反之亦然。同时由人们收入水平和可自由支配收入决定的旅游者购买力，也是旅游客源市场中的又一重要因素。如果没有具备这一条件，旅游市场只是一种潜在市场。旅游产品购买欲望也是形成现实旅游消费者的必要条件之一。旅游距离是指客源地与旅游目的地之间的距离。而旅游购买权利因素对国际旅游者的影响较大，如旅游目的国和客源国之间的政策限制、外交关系等的协调都会影响旅游购买，有时可成为主导因素。

2. 客源市场的划分

① 一级市场　指离本地较近，所占份额最大（一般达40%～60%），是本地的基本既是主体的客源市场，也是最稳定的市场，又称核心市场。

② 二级市场　往往指离本地中等距离，所占份额较大的市场，是接待地旅游业不断开拓的市场。

③ 三级市场　一般指离本地最远，份额较小的客源市场。也称之为“机会市场”或“边缘市场”。

四、旅游客源市场的预测

1. 定性预测

(1) 旅游者意图调查法

按照专家意见和有关人员（如旅行社销售人员、批发商、中间商）的意见估算。

(2) 德尔菲专家咨询法（DELPHI专家咨询法）

首先设计意见征询表，然后选择专家并请他们填写问卷表格，选择参加咨询的专家对某一指标或某些指标重要性程度的看法写在问卷表格中。选择专家时应注意专家既要有权威性又要有代表性；同时所选择的专家来源应涉及要咨询问题有关的各个方面，即所选择的专家应是各个方面如行政管理人员、科研人员、实际工作者等的代表；根据专家填写的表格整理和反馈专家意，组织者要整理专家们的意见，求出某一项指标或某些指标的权重值平均数，同时求出每一专家给出的权重值与权重值平均数的偏差，再开始若干轮的意见征询，以便确定专家们对这个权重值平均数同意和不同意的程度。最后各位专家对某一指标或某些指标的权重值的看法就会趋向一致，组织者也就可以由此得到比较可靠的权重值分配结果。

(3) 游客调查法

对游客、销售商或潜在旅游者旅游目的地意向方面的调查，依据调查结构进行客源市场预测。

2. 定量预测法

(1) 时间序列预测法

时间序列预测法应具有以下三个条件：可靠的时间序列数据；将来的情形是过去情况的延续；能从过去的数据中找到规律或趋势。旅游客源市场的客源应用时间序列数学模型进行预测，需要建立客源量随时间变化的趋势模型，根据历史资料求出统计形式的拟合曲线，据此预测未来时段的客源量。依据历年的游人基数和变化规律可预测出来年的游客量，常用的有自然增长率预测法；也可通过掌握游人季节波动的规律，预测旅游区或风景区游客淡、平、旺季的变化。

(2) 因果关系模型预测法

① 确定主要影响因素或指标；

② 对客源量与其影响因素的关系的回归分析。

如果研究的因果关系只涉及 2 个变量，且变量间存在线性关系时，采用一元线性回归进行预测。

$$Y=a+bx$$

式中 Y——预测的游客量；

a、b——回归参数；

x——时间变量。

如果因果关系中的变化因素有多个，则用多个相关因素的变化来进行预测，如二次曲线法，数学模型如下：

$$Y=a+b+cx^2$$

式中 Y——预测的游客量；

a、b、c——回归参数；

x——时间变量。

五、旅馆床位与直接服务人口估算

1. 旅馆床位预测

(1) 以全年住宿总人数求所需床位

旅馆床位应是游览设施的调控指标，应严格限定其规模和标准，应做到定性、定量、定位、定用地范围，并按以下公式计算：

$$C=\frac{RN}{TK}$$

式中 C——住宿游览床位需求数，床；

R——全年住宿总人数，人次；

N——游客平均停留天数，日；

T——全年可游览天数，日；

K——床位平均利用率，%。

(2) 以每天平均客流量求床位数

$$C=\frac{R(1-r)n}{TK}$$

式中 C——每天平均停留游客对床位需求数；

R——客流量；

r——不住宿游客占游客的比例；

n——游客平均停留天数；

T——可游览天数；

K——床位平均出租率。

(3) 以游人总数求旅游床位

$$C=\frac{TPL}{SNO}$$

式中 C——平均每夜客房需求数；

T——游人总数；

P——住宿游人占游人总数的百分比；

L——平均逗留时间；

S——每年旅馆营业天数；

N——每个客房平均住宿数；

O——所用旅馆客房住宿率。

2. 直接服务人口估算

应以旅馆床位或饮食服务两类游览设施为主，其中，床位直接服务人口估算公式为：

直接服务人口人员＝床位数×直接服务人口与床位数比例

（式中，直接服务人口与床位数比例：1∶2～1∶10）

3. 旅游床位的季节波动

引起季节波动的原因主要是气候，可以采取以下措施缩小波动：

① 正确预测游客的规模，合理确定床位数量；

② 扩大旅馆的接待对象，提高床位的利用率；

③ 房价浮动，淡季优惠，接待会议，提高床位的利用率；

④ 在淡季举办有吸引力的活动，如节庆、博览、交易、赏雪等活动，吸引游人；

⑤ 在旅游旺季开辟临时补充床位。

风景区规模，从严格意义上说，还包括其常住人口。许多风景名胜区内广布农村居民点，常住人口少则数千，多达几万。它们的发展规模和结构变化，亦应在规划考虑之内。

第二节　旅游服务设施及基地规划

一、旅游服务设施及旅游服务基地的布局

旅游设施是风景区旅行游览接待服务设施的总称。游览服务设施包括旅行、游览、饮食、住宿、购物、娱乐、保健和其他共8类。

根据风景区、景区、景点的性质与功能，游人规模与结构，以及用地、淡水、环境等条件，配备相应种类、级别、规模的设施项目。游览设施布局应采用相对集中与适当分散相结合的原则，应方便游人，利于发挥设施效益，便于经营管理与减少干扰。应依据设施内容、规模、等级、用地条件和景观结构等，分别组成服务部、旅游点、旅游村、旅游镇、旅游城、旅游市等六级旅游服务基地，并提出相应的基础工程规划原则和要求。

1. 布局原则

① 风景区中旅游服务基地的选址，应有一定的用地规模，既应接近游览对象又应有可靠的隔离，应符合风景保护的规定，避免对自然环境、自然景观的破坏，方便游客观光，为游人提供安全、舒适、便捷的服务条件。

② 服务设施应满足不同文化层次、年龄结构和消费层次游人的需要，应与旅游规模相适应，建设高、中、低档次，季节性与永久性相结合的旅游服务系统。

③ 应具备相应的水、电、能源、环保、抗灾等基础工程条件，靠近交通便捷的地段，依托现有旅游服务设施及城镇设施。严禁将住宿、饮食、购物、娱乐、保健、机动交通等设施布置在有碍景观和影响环境质量的地段。

④ 要特别考虑环境的适应性，避开有自然灾害和不利于建设的地段，分级配置旅游设施。

2. 布局形式

游览设施按内容、规模、等级标准的差异，可以组成六级旅游设施基地，分别如下。

① 服务部　服务部的规模最小。其标志性特点是没有住宿设施，其他设施也比较简单。

② 旅游点　旅游点的规模虽小，但已开始有住宿设施，其床位常控制在数十个以内，可以满足简易的宿食游购需求。

③ 旅游村　旅游村或度假村已有比较齐全的行、游、食、宿、购、娱、健等各项设施，其床位常以百计。

④ 旅游镇　旅游镇已相当于建制镇的规模，有着比较健全的行、食、宿、购、娱、健等各项设施，其床位常在数千以内，并有比较健全的基础工程相配套，也含有相应的居民社会组织因素。

⑤ 旅游城　旅游城已相当于县城的规模，有着比较完善的行、游、食、宿、购、娱、健等各项设施，其床位规模可以过万，并有比较完善的基础工程配套。

⑥ 旅游市　旅游市已相当于省辖市的规模，有完善的旅游设施和完善的基础工程，其床位可以万计，并有健全的居民社会组织系统及自我发展的经济实力。依据风景区的性质、布局和条件的不同，各项游览设施既可配置在在各级旅游基地中，也可以配置在所依托的各级居民点中，其总量和级配关系应符合风景区规划的需求，应符合表7-2 的规定。

表 7-2　游览设施与旅游基地分级配置表

设施类型	设施项目	服务部	旅游点	旅游村	旅游镇	旅游城	备注
一、旅行	1. 非机动交通	▲	▲	▲	▲	▲	步道、马道、自行车道、存车、修理
	2. 邮电通讯	△	△	▲	▲	▲	话亭、邮亭、邮电所、邮电局
	3. 机动车船	×	△	△	▲	▲	车站、车场、码头、油站、道班
	4. 火车站	×	×	×	△	△	对外交通，位于风景区外缘
	5. 机场	×	×	×	×	△	对外交通，位于风景区外缘
二、游览	1. 导游小品	▲	▲	▲	▲	▲	标示、标志、公告牌、解说图片
	2. 休憩庇护	△	▲	▲	▲	▲	坐椅桌、风雨亭、避难屋、集散点
	3. 环境卫生	△	▲	▲	▲	▲	废弃物箱、公厕、盥洗处、垃圾站
	4. 宣讲咨询	×	△	△	▲	▲	宣讲设施、模型、影视、游人中心
	5. 公安设施	×	△	△	▲	▲	派出所、公安局、消防站、巡警
三、饮食	1. 饮食点	▲	▲	▲	▲	▲	冷热饮料、乳品、面包、糕点、糖果
	2. 饮食店	△	▲	▲	▲	▲	包括快餐、小吃、野餐烧烤点
	3. 一般餐厅	×	△	△	▲	▲	饭馆、饭铺、食堂
	4. 中级餐厅	×	×	△	△	▲	有停车车位
	5. 高级餐厅	×	×	△	△	▲	有停车车位
四、住宿	1. 简易旅宿点	×	▲	▲	▲	▲	包括野营点、公用卫生间
	2. 一般旅馆	×	△	▲	▲	▲	六级旅馆、团体旅舍
	3. 中级旅馆	×	×	▲	▲	▲	四、五级旅馆
	4. 高级旅馆	×	×	△	△	▲	二、三级旅馆
	5. 豪华旅馆	×	×	△	△	△	一级旅馆

续表

设施类型	设施项目	服务部	旅游点	旅游村	旅游镇	旅游城	备注
五、购物	1. 小卖部、商亭	▲	▲	▲	▲	▲	
	2. 商摊集市场	×	△	△	▲	▲	集散有时、场地稳定
	3. 商店	×	×	△	▲	▲	包括商业买卖街、步行街
	4. 银行、金融	×	×	△	△	▲	储蓄所、银行
	5. 大型综合商场	×	×	×	△	▲	
六、娱乐	1. 文博展览	×	△	△	▲	▲	文化馆、图书馆、博物馆、科技馆、展览馆
	2. 艺术表演	×	△	△	▲	▲	影剧院、音乐厅、杂技场、表演场
	3. 游戏娱乐	×	×	△	△	▲	游乐场、歌舞厅、俱乐部、活动中心
	4. 体育运动	×	×	△	△	▲	室内外各类体育运动健身竞赛场地
	5. 其他游娱文体	×	×	×	△	△	其他游娱文体台站团体训练基地
七、保健	1. 门诊所	△	△	▲	▲	▲	无床位、卫生站
	2. 医院	×	×	△	▲	▲	有床位
	3. 救护站	×	×	△	△	▲	无床位
	4. 休养度假	×	×	△	△	▲	有床位
	5. 疗养	×	×	△	△	▲	有床位
八、其他	1. 审美欣赏	▲	▲	▲	▲	▲	景观、寄情、鉴赏、小品类设施
	2. 科技教育	△	△	▲	▲	▲	观测、试验、科教、纪念设施
	3. 社会民俗	×	△	△	△	▲	民俗、节庆、乡土设施
	4. 宗教礼仪	×	×	△	△	△	宗教设施、坛庙堂祠、社交礼制设施
	5. 宜配新项目	×	×	△	△	△	演化中的德智体技能和功能设施

限定说明：禁止设置×；可以设置△；应该设置▲。

（来源：《风景名胜区规划规范》，1999）

根据游客活动内容和规律，将旅游设施按级别规划为三级或四级旅游服务系统。

一级旅游服务中心：它是旅游旅馆、旅游商品、风景管理、旅游服务的大本营，包括交通运输设施、商业饮食、住宿接待、文化体育、金融等设施（旅游市、旅游城、旅游镇），兼作风景区总管理中心。

二级旅游服务中心：能综合满足游客的吃、住、行、游、购等旅游服务需求，兼景区级管理中心。

三级旅游服务中心：主要解决景点上游客饮食、游憩，包括风景区内部交通、商业饮食设施、小型住宿接待处。

四级旅游服务中心：旅游线路途中的服务点，如茶室、小卖部、小规模的饭馆等。在风景区到景区、景区到景区、景点到景点之间的旅游线路上，宜每隔 1500m 左右设一个。

二、旅游服务设施规划

风景区的旅游服务设施规划主要包括住宿设施、饮食服务设施、停车场及森林浴场的规划。风景区提供的住宿设施有旅馆、临时性住宿设施和辅助性住宿设施三种类型。

1. 旅馆规划

(1) 功能分类

① 一般功能　住宿、餐饮。

② 专门功能　商务、度假、会议、家居等。

a. 商务功能：传真、互联网、文件处理等。

b. 度假功能：营造家庭氛围，配备康乐设备。

c. 会议功能：会议室、谈判间、演讲厅、展览厅等。

d. 家居功能：为长住游客提供家庭式服务。

(2) 旅馆等级

我国自1988年9月1日起与国际接轨，采用星级标准对旅游宾馆进行等级划分。一般标准是：

一星：设备简单，标准间客房的净面积小于15m^2。

二星：设备一般，标准间客房的净面积15～18m^2。

三星：设备齐全，标准间客房的净面积18～20m^2。

四星：设备豪华，标准间客房的净面积21～23m^2。

五星：设备十分豪华，标准间客房的净面积23～25m^2。

(3) 旅馆用地计算

① 旅馆区总面积

$$S=np$$

式中　S——旅馆区总面积；

n——床位数；

p——旅馆区用地指数（120～200m^2/床）。

② 旅馆建筑用地面积

旅馆建筑用地面积=(床位数×旅馆建筑面积指标)/(建筑密度×平均层数)

旅馆建筑密度：

一般标准：20%～30%；

高级旅馆：10%。

旅馆建筑面积指标：

标准较低的旅馆：8～15m^2/床；

一般标准旅馆：15～25m^2/床；

标准较高旅馆：25～35m^2/床；

高级旅馆：35～70m^2/床。

2. 露营地规划

(1) 露营方式

有汽车房露营和帐篷露营两类。欧美等发达国家使用房车度假较普遍，中国于2003年加入世界汽车露营总会，一些旅游区、度假区和风景区开始规划建设露营地，限于经济条件的原因，国内主要以帐篷露营为主。

(2) 营地的种类

有临时营地、日间营地、周末营地、居住营地、假日营地、森林营地（美国最多25个单元，单元之间有35m间隔，配有全套服务设施）、旅游营地7种类型。

(3) 露营场地的选址要求

① 有便捷的出入口，靠近水源，取水方便；

② 选择空气流通，地形较为平缓的地段，地形开阔，有良好的排水条件；

③ 有良好的朝向，以东、南向较好；

④ 营地四周有树木、岩石挡风，并满足私密性需要（图 7-1、图 7-2）。

图 7-1　有岩石挡风且临水的营地

图 7-2　桂林漓江边的营地

(4) 规划要点

① 利用自然凹地和树木的屏蔽来区分不同的营地空间；

② 保护原有地形和植被；

③ 在营位的南向和西向种植乔木，提供遮阳条件；

④ 设置合理的营地容量；

⑤ 房车营地有环形交通线和足够的停车位；布置必要的给排水、电力、通讯等设施，利用环保材料进行铺装；

⑥ 有排水沟或地形处理为缓坡。

(5) 营地密度与规模（引自《旅游与游憩规划设计手册）

法国：营地内每个单元（帐篷或小汽车）占用的最小面积为 $90m^2$。

在德国，根据不同情况，变化于 $120\sim150m^2$ 之间。

荷兰森林管理局推荐的密度更低：每单元 $150m^2$，而且周围需是大片未开发用地。

美国：①所有设施集中在一起的中央营地：$300m^2$/单元；②可容纳 400～1000 人，有道路入口的森林营地：$800\sim1000m^2$/单元；③容纳 50～100 人，不配备任何设施的边疆（猎人）营地：$1500m^2$/单元，周围有原野地区。

对于一个每公顷可接待 200～300 人的高密度营地，其合适的营地规模为 $3\sim5hm^2$，其允许的容量限度 600～1500 人。

(6) 露营地的设施及场地安排：主要有停车场、办公室、供水设施或水源、淋浴房、厕所、野餐区、营区、露天剧场、营火场及其他娱乐设施。

设施标准：每百人（25 个单元）最低标准。

① 卫生设施　4 座厕所、4～5 个洗手盆，2 个淋浴喷头，两对水槽，3 个垃圾桶，离任何单元的距离在 100～150m 之间。

② 游憩空间　排球场、儿童活动场、网球场、迷你高尔夫等。

③ 道路　一车道的车行道（3～3.5m 宽），有路灯的人行道（1～1.5m 宽），入口处有停车场。房车营地需有单行的环行交通线和方便进出的车位。

④ 管理和维护　根据规模和类型，配备食品店和休息室。在假日营地，配备洗衣、烘干、熨烫设施。

3. 饮食服务规划

(1) 饮食服务设施的类型

① 独立的饮食服务设施　布局和服务功能要考虑旅游行为；饮食点设计上要有特色；

考虑使用的多功能性。

② 旅馆附设餐饮设施　酒吧、咖啡厅、音乐茶座等。

(2) 餐位计算

针对游客需求量最高的一餐（中餐或晚餐）来计算，并以餐位数来表达。

餐位数=[(游客日平均数+日游客不均匀分布的均方差)×需求指数]/(周转率×利用率)

4. 停车场规划

(1) 停车场的位置位选择

停车场规划时要尽量避免对景区的环境和景观造成破坏，要结合景区的整体布局进行规划。停车场的位置位选择可根据与景区关系确定，分为以下几种区位类型。

① 景区外部集中布局　当旅游景区内部腹地空间较为有限，不宜作为停车场地或景观不容破坏时，可以在景区外部开辟一个地块作为景区停车区；景区外停车场应布置于景区快速交通道附近，如景区外部联通道的分岔口处。

② 景区外部分散布局　当景区停车场设置在景区外部，若外部空间也较为狭长或不适宜作为集中停车场，可以采取分散布局停车场的方式。

③ 景区内部集中布局　如果景区有足够的空间或环境容许将部分空间开辟作为停车场之用，可以在景区内靠近大门处开辟一个主停车场。

④ 景区内部分散布局　对于面积较大且景点之间距离较远、徒步行走不便的景区，停车场采取景区内部分散布局的模式。在景区内部几个主要景点附近设立停车场。

(2) 停车场面积的计算

停车场面积的计算，国外一般标准是旅馆每 2～4 个房间要求一个车位。国内可根据游客的实际情况进行调整。

停车场面积=高峰游人数×乘车率×停车场利用率×单位规模（m^2/辆）/每辆车容纳人数

乘车率和停车场利用率均可取 80%。休、疗养所停车场，比旅馆的要少，一般可采用每 20～30 床位设 1 个车位。

5. 森林浴场规划

(1) 森林浴的功能和类型

森林浴可以使人身心放松，减少疲劳；强身健体，具有保健和治疗功能。

按功效森林浴分有森林医院、森林疗养院、森林浴场、负离子呼吸区等；按进行的方式有运动浴、坐浴、水浴、睡浴、步行浴等。

(2) 森林浴场的选址

① 森林覆盖率高，面积在 200hm^2 以上，树龄为 20 年以上的针阔混交林；

② 树形美观，林下有较大空间；临近溪流或瀑布等流动水域，负离子含量高则更佳；

③ 通风条件好，平缓山地的东坡和南坡；

④ 尽可能选择含多种地貌单元的区域；

⑤ 对空气中负离子含量和微生物数量进行测定，负离子含量每立方厘米 1000 个以上为保健浓度，适宜修建森林浴场；对树木芬多精成分和含量进行测定。

(3) 一般森林浴场规划

① 步行浴　修建徒步旅游小径，长度为 1～2km 或 2～5km 为宜，针对不同年龄的人群，沿途要求林木覆盖率较高。

② 坐浴和睡浴　选择林间空间大的地段，设置桌椅，为年龄大、有慢性病、身体较弱的游客提供森林浴。

③ 运动浴　适合中青年和少年儿童。在林中修建小型运动场、游戏场和林间操场，开展各种球类、健身操、骑马、儿童游戏等运动。

(4) 负离子呼吸区规划

选择溪流、瀑布、泉等负离子含量较高的区域，也可在林间修建喷泉池，形成人工高负离子呼吸区；林区中选择朝向东南的坡地，林木蒸腾作用旺盛，林内湿度大、针叶树较多时，易产生负离子。

(5) 森林医院和疗养院规划

主要作用是治疗疾病和康复疗养，设计时需要针对不同病症设计出不同树种的疗养区。

① 负离子呼吸区对治疗呼吸、心脑血管、神经和消化系统疾病和慢性病，提高人体代谢和免疫功能有效。

② 松、柏、樟、桦、桉、枫香等释放的杀菌素在消炎抗菌、镇咳平喘方面疗效显著。

③ 栎树对治疗高血压，柏树对治疗心脏病有好的效果。

案例分析　泰山风景名胜区旅游服务设施及基地规划

1. 旅游服务设施分类规划

泰山旅游服务设施分为宣讲咨询、餐饮、住宿、购物、卫生保健、旅游管理等六大类。旅游服务设施总建筑面积控制在26000m^2以内，其中宣讲咨询用房建筑面积2500m^2（含游客咨询中心两处共2000m^2），餐饮用房建筑面积5000m^2，住宿用房建筑面积8000m^2，购物用房建筑面积2500m^2，卫生保健用房建筑面积500m^2，旅游管理用房建筑面积6000m^2。

2. 旅游服务设施分级规划

旅游服务设施分为四级，依次为旅游服务基地、服务中心、服务次中心和服务点。设旅游服务基地一处，服务中心一处，二级服务中心五处，服务次中心四处，服务点九处。

3. 旅游服务设施空间分布

泰山风景名胜区旅游服务设施空间分布依托“伞状”旅游线路结构，呈“层级式”分布。

① 旅游服务基地设在泰安市区。现有各类接待床位3万余张，规模和标准均可满足来泰安和泰山游客住宿需求；餐饮、购物、卫生保健，管理设施等服务设施数量有余，但应提高服务质量；宣讲咨询设施规模和质量均需提高。红门旅游服务功能与泰安市区的旅游服务已融为一体，不再计入泰山风景名胜区旅游服务设施中。在红门改建完善游客咨询中心，建筑面积1500m^2。

② 二级服务中心分别设在桃花源、中天门、岱顶、桃花峪和艾洼。提供住宿、餐饮、宣讲咨询、购物、卫生保健和管理等服务，每处服务中心总建筑面积控制在5500m^2以内，其中桃花源规划床位250张，餐位400座；中天门规划床位150张，餐位250座；岱顶规划床位100张，坐式休息座500座，餐位400座；桃花峪规划床位150张，餐位200座；艾洼规划床位50张，餐位200座。

③ 服务次中心分别设在和尚庄、上梨园、天井湾和灵岩寺。提供餐饮、宣讲咨询、购物、卫生保健、管理等服务。灵岩寺服务次中心总建筑面积控制在1400m^2以内，其他服务次中心每处总建筑面积控制在1000m^2以内。

④ 服务点规划在主要步行观光路和机动车观光路沿线、服务中心之间的适当位置，共九处，分别设在斗母宫、四槐树、朝阳洞、竹林寺、核桃园、扇子崖、山呼台、仙鹤湾、卖饭棚子。提供餐饮、咨询、购物和卫生设施等服务，每处总建筑面积控制在400m^2以内。

第八章　保护培育规划

风景名胜区的开发、利用与建设，如果不注意其可持续发展，则将会带来生态环境问题，因此风景名胜区的生态保护与培育，是其开发与利用的先决条件，只有创造出优美的良好的生态环境，保育好各种风景资源和植被生态，才能使风景名胜区永续利用，形成良性循环。反之，如果生态环境受到污染，风景资源遭到破坏，环境质量恶化，其结果会危害游人及社会居民的健康；破坏森林植被、水体、动植物等生态平衡，降低其维持良性循环的能力；侵蚀文物古迹与自然地貌，使其逐渐失去价值；减少对游客的吸引力，降低经济效益和社会效益，同时也必然限制风景名胜区的开发、利用与发展。因此必须高度重视生态环境的保育，搞好生态环境的整治。

第一节　概　　述

一、保育的概念

国际自然与自然资源保育联盟（IUCN）、联合国环境计划组织（UNEP）及世界野生动物基金会（WWF）三个国际组织共同完成的“世界自然保育战略”（World Conservation Strategy）中，对“保育”一词定义为：“对人类使用的生物圈加以经营管理，使其能对现今人口产生最大且持续的利益，同时保持其潜能，以满足后代人们的需要与期望。因此，保育是积极的行为，它包括对自然资源环境的保存、维护、永续利用、复原及改良”。

二、保育、开发与可持续发展的关系

风景名胜区的可持续发展，是一个综合性的系统工程，它不仅要考虑到资源应如何利用的问题，同时还要考虑到环境容量与游人之间的辨证关系，以及各种游憩设施与需求量之间的关系。因此以旅游为主要游憩内容的风景名胜区的可持续发展应以资源为基础，以市场为导向，以生态环境保护为目的。而风景名胜区又是人居环境的一个重要组成部分，从现代生态文明的发展观来看：人是自然的一员，它强调人在经济活动中，应遵循生态学原理，以达到人与自然的和谐相处。所以树立生态文明的发展观是追求可持续发展思想的前提，即应在尊重自然、维护“人与自然”系统整体利益的前提下发展旅游，从而提高人类聚居环境的整体质量。

三、保护培育规划的原则

1. 整体保护的原则

将风景名胜区的自然资源和人文资源作为整体加以保护。风景区是一个多种资源共存的综合体，各资源之间的联系紧密，所以不能仅针对风景区内的某一种或者几种资源进行保

护，而要将所有的资源进行综合保护。风景区内存在的多种生物种群形成了群落，各物种通过食物链进行相互之间的能量流动，如果风景区内的生态平衡遭到破坏，将会导致整体群落受损，最终可能使整个风景区内的生物群落遭到不可逆转的损伤。为了维持风景区的自然平衡，人类要尽量少改变风景区内的环境，使风景区保持原有的生态系统。

2. 多样性保护的原则

由于风景区的面积较大，而且风景区内的景物及生物种类较多，各自所需的环境都有区别，所以必须根据资源的不同性质、不同种类和不同要求，采取不同的保护措施和手段，强调保护措施的可操作性。

3. 展示性保护的原则

风景区与自然保护区的最大区别就是，自然保护区只强调保护，而风景区除了保护自然环境之外，还要将自然界美好的一面向大众展示。对于风景区来说要采取保护与发展相结合的方式，在保护的前提下发展旅游，从而使区域内的自然资源和人文资源的重要性能被广大民众所认识，唤起全社会对区域内资源保护的关注，以发挥更大的经济与社会效益。

第二节 保护方式

在风景区资源的保护规划中，常用的方法有分类保护和分级保护等。对于不同的风景资源可以采用不同的保护方式。

一、分类保护

分类保护是根据保护对象的种类及其属性特征，并按照土地利用方式来划分出相应类别的保护区。在同一类型的保护区内，其保护原则和措施应基本一致。风景区保护的分类分为：生态保护区、自然景观保护区、史迹保护区、风景恢复区、风景游览区和发展控制区等。这样的分类方式，即可以覆盖风景区服务内的各类土地利用方式，同时也能与海外的“国家公园”或国内外相关的保护区划分方式易于互联，有很好的适用性。

1. 生态保护区

(1) 划分依据

对风景区内有科学研究价值或其他保存价值的生物种群及其环境，应划出一定的范围与空间作为生态保护区。

(2) 保护规定

在生态保护区内，可以配置必要的研究和安全防护设施，应禁止游人进入，不得搞任何建筑设施，严禁机动交通及其设施进入。

2. 自然景观保护区

(1) 划分依据

对需要严格限制开发行为的特殊天然景源和景观，应划出一定的服务与空间作为自然景观保护区。

(2) 保护规定

在自然景观保护区内，可以配置必要的步行游览和安全防护设施，宜控制游人进入，不得安排与其无关的人为设施，严禁机动交通及其设施进入。

3. 史迹保护区

(1) 划分依据

在风景区内各级文物和有价值的历代史迹遗址的周围，应划出一定的范围与空间作为史迹保护区。

(2) 保护规定

在史迹保护区，可以配置必要的步行游览和安全防护设施，宜控制游人进入，不得安排旅宿床位，严禁增设与其无关的人为设施，严禁机动交通及其设施进入，严禁任何不利于保护的因素进入。

4. 风景恢复区

(1) 划分依据

对风景区内需要重点恢复、培育、抚养、涵养、保持的对象与地区，例如森林与植被、水源与水土、浅海及水域生物、珍稀濒危生物、岩溶发育条件等，宜划出一定范围与空间作为风景恢复区。

(2) 保护规定

在风景恢复区内，可以采用必要技术措施与设施；应分别限制游人和居民活动，不得安排与其无关的项目与设施，严禁对其不利的活动。

5. 风景游览区

(1) 划分依据

对风景区的景物、景点、景群、景区等各级风景结构单元和风景游赏对象集中地，可以划出一定的范围与空间作为风景游览区。

(2) 保护规定

在风景游览区内，可以进行适度的资源利用行为，适宜安排各种游览欣赏项目；应分级调控游人规模、机动交通及旅游设施的配置，并分级限制居民活动进入。

6. 发展控制区

(1) 划分依据

在风景区范围内，对上述五类保育区以外的用地与水面及其他各项用地，均应划为发展控制区。

(2) 保护规定

在发展控制区内，可以准许原有土地利用方式与形态，可以安排同风景区性质与容量相一致的各项旅游设施及基地，可以安排有序的生产、经营管理等设施，应分别控制各项设施的规模与内容。

二、分级保护

在保护培育规划中，分级保护也是常用的规划和管理方法。这是以保护对象的价值和级别特征为主要依据，结合土地利用方式而划分出相应级别的保护区。在同一级别保护区内，其保护原则和措施应基本一致。

这里所规定的四级保护区及其保护原则和措施，也可以覆盖风景区范围内各种土地利用方式，同自然保护区系列或相关保护区划分方法容易衔接。其中，特别保护区也称科学保护区，相当于我国自然保护区的核心区，也类似分类保护中的生态保护区。

风景保护的分级应包括：特级保护区、一级保护区、二级保护区、三级保护区等四级内容，并应符合以下规定。

1. 特级保护区

(1) 划分依据

风景区内的自然保护核心区以及其他不应进入游人的区域应划为特级保护区。

(2) 保护规定

特级保护区应以自然地形地物为分界线，其外围应有较好的缓冲条件，在区内不得搞任何建筑设施。

2. 一级保护区

(1) 划分依据

在一级景点和景物周围应划出一定范围与空间作为一级保护区，宜以一级景点的视域范围作为主要划分依据。

(2) 保护规定

一级保护区内可以安置必需的步行游赏道路和相关设施，严禁建设与风景无关的设施，不得安排旅宿床位，机动交通工具不得进入此区，并严格控制游人容量。

3. 二级保护区

(1) 划分依据

在景区范围内，以及景区范围之外的非一级景点和景物周围应划为二级保护区。

(2) 保护规定

二级保护区内可以安排少量旅宿设施，但必须限制与风景游赏无关的建设，应限制机动交通工具进入本区，并控制游人容量。

4. 三级保护区

(1) 划分依据

在风景区范围内，对以上各级保护区之外的地区应划为三级保护区。

(2) 保护规定

在三级保护区内，应有序控制各项建设与设施，并应与风景环境相协调。

案例分析　太湖风景名胜区西山景区保护培育规划

一、保护培育规划指导思想及原则

1. 指导思想

以保护为前提，协调处理好保护培育、开发利用、经营管理之间的有机关系。通过对各类资源的调查、分析，确定保育类别和等级，形成具有针对性和可操作性的较为完善的保护培育体系。

2. 规划原则

① 可持续发展原则；

② 保护培育、开发利用、经营管理有机协调原则；

③ 突出重点、逐步完善原则；

④ 因地制宜、合理有效原则。

二、保护类别、级别与范围的确定

1. 保护类别

保护类别的区分以资源类型和功能特性为依据，对需要严格限制开发行为的特殊天然景源和景观，划出一定的范围与空间作为自然景观保护区；在景区内各级文物和有价值的历代史迹遗址的周围，应划出一定的范围与空间作为史迹保护区；对景区内需要重点恢复、培育、抚育、涵养、保持的对象与地区，划出一定的范围与空间作为风景恢复区；对景区的景物、景点、景群、景区等各级风景结构单元和风景游赏对象集中地，划出一定的范围与空间作为风景游览区；在景区范围内，对以上各类保育区以外的用地与水面及其他各项用地，均划为发展控制区。

2. 保护级别

保护级别的划分以景源价值及区域重要性为依据，将重要景物、景源分布的重要区域划为一级保护区；将次要景物、景源及其周边区域划为二级保护区；在景区范围内，将以上各级保护区之外的区域划为三级保护区。

3. 保护范围

依据规划目标和规划原则，综合分类保护和分级保护两种方法，将西山景区划为以下几大区域。

(1) 一级自然保护区

主要针对西山景区内自然条件优越、人为干扰和破坏较小的山林、湖滨、岛屿等地带，进行范围的划定和保护培育的控制。针对自然山林植被的保护培育而划定的一级保护区是缥缈峰中部的山林区域；针对湖滨地带的一级保护区是由爱国村到角里的带状区域；针对岛屿的一级保护区分别是大沙山岛、西南湖岛、东南湖岛、小大山岛、小庭山、老鼠山等。一级自然保护区面积共约 729.7hm^2。

(2) 二级史迹保护区

以古樟园、包山禅寺、罗汉寺为核心，以自然山林背景为依托，形成二级史迹保护区，面积约 121.1hm^2。

(3) 一级风景游览区

以一级景源林屋洞、石公山为核心，划定一级风景游览区，面积约 54.1hm^2。

(4) 二级风景游览区

指一级自然保护区和风景游览区以外的大部分风景游览地，包括驾浮名胜游览区的大部分山林和沿湖地带、消夏湾民俗游览区的大部分区域、缥缈峰生态游赏区中心山体以外的大部分区域、山乡古镇风俗游览区的大部分区域、太湖风情观光区面积约 3111.2hm^2。

(5) 三级风景游览区

将田园农业观光区的大部分用地、山乡古镇风俗游览区中爱国村、角里村的部分区域划为三级风景游览区，面积约 2347.1hm^2。

(6) 风景恢复区

将西山东北部遭到开山采石严重破坏的大片山林地区和消夏湾由于围湖造田活动而形成的农田地区划为风景恢复区，面积约 1118.7hm^2。

(7) 发展控制区

指景区范围内古镇区东部的镇区用地，面积约 754.1hm^2。

(8) 外围保护地带

西山岛四周除景区范围外，太湖水面均属外围保护地带。

三、保护内容

1. 一级自然保护区

是景区内天然景源和景观保存较为完好的区域，在该区域内，对开发行为应做严格限制，控制游人进入，不得安排与其无关的人为设施。严禁机动交通工具及其设施进入。严禁破坏自然植被、山体、湖岸的破坏性建设，可以配置必要的步行游览和安全防护设施，局部地段可考虑环保型的电动交通工具进入。

2. 二级史迹保护区

对现存的古迹寺庙园林进行重点保护，同时保护其周边环境，保证保护区景观环境的和谐。可根据旅游发展需要少量安排旅宿设施，但必须限制与其无关的建设，局部地段考虑机动交通工具的进入，但应对其数量进行限制。

3. 一级风景游览区

在该区域内，严禁建设与风景无关的设施，不得安排住宿床位，机动交通工具不得进入该区域，停车场应设置在一级游览区范围之外。

4. 二级风景游览区

在该区域内，可进行适度的资源利用行为，适宜安排各种游览欣赏项目，可考虑少量安排旅宿等旅游服务设施，但必须限制与风景游赏无关的建设，考虑机动交通工具的进入，但应对其数量进行限制，景区交通以电动交通为主。

5. 三级风景游览区

结合现状，适度建旅游服务设施，可划出一定范围作为周边居民回迁用地，但建设必须与风景环境相协调。

6. 风景恢复区

严禁对其不利的活动，杜绝破坏性的开采，并采用必要的技术措施与设施，对被破坏的山体和植被部分进行恢复；同时，根据景观要求对消夏湾进行退田还湖，恢复消夏湾秀丽湖湾风光。

7. 发展控制区

可以准许原有土地利用方式与形态，可安排与景区性质和容量相一致的各项旅游设施及基地，可以安排有序的生产、经营管理等设施，但应分别控制各项建设的规模与内容。

8. 外围保护地带

太湖水体的保护工作要以《太湖水源保护条例》为依据，加强管理，严格执行。严格控制新污染源的建立，控制主要入湖河道污染物排入总量，保持生态环境的协调。

四、核心保护区

1. 范围

为了切实保护西山景区中的各类不可再生性资源和生态敏感区，将西山景区内的一级自然保护区和一级风景游览区划为核心保护区。规划将该区域确定为保护的重点内容，并落实强制性保护措施。

2. 保护措施

除了遵循一级自然保护区、一级风景游览区的各项保护要求以外，还应强调以下内容：

① 在核心保护区不能规划建设宾馆、招待所、培训中心及疗养院（所）等任何与资源保护无关的项目，确有需要恢复一些历史遗迹的，也要经过批准；

② 不得随意建造各类人造景观，尤其不得随意建立各种开发区和度假区；

③ 绝不能在核心保护区推行任何实质性的经营权转让。

五、保护管理措施

① 以立法或政府令形式，保证保育规划的具体实施，使现有景观资源得到有效的保护和恢复。

② 设立各级风景管理机构，依法加强管理。

③ 加强对现有居民点的控制和管理，严禁乱扩、乱建以及破坏风景区的行为。

④ 加强宣传力度和处罚措施，提高居民和游客的环境保护意识。

⑤ 景区内建设严格按规划进行，严防管理人员以牺牲景区利益来谋取私利。

第九章　居民社会调控规划

我国的风景区分布广泛，类型多样，很多风景区中都有居民的存在，有部分风景区就位于城市附近，其中的居民更多，居民点的建设、发展与风景名胜区的景观风貌、环境保护等都具有密切的相互影响关系。而且风景区自身也需要进行维护和管理，这些都需要风景区内有部分常住人口。外来的游客、风景区中直接服务的职工、间接服务的居民三类人，共同构成了风景区内的人员组成。

我国风景区与居民点的关系可以分为三类：

① 远离城市的风景区，比如九寨沟风景名胜区、丽江玉龙雪山风景名胜区等，这样的风景区内居民点数量少，规模小，居民的生产生活对风景区的影响较小；

② 风景区位于城市附近，或者城市本身就是风景区的一部分，如杭州西湖风景名胜区，鼓浪屿——万石山风景名胜区等，这样的风景区内居民数量多，而且风景区的一部分紧邻城市，城市的建设对风景区的发展影响巨大；

③ 风景区内存在有小型城镇，如庐山的牯岭镇、九华山的九华街等，这样的城镇位于风景区内，已经成为了风景区的重要组成部分，常住人口不多，但是对景区的建设起重要作用，不同的关系决定着需要不同的方式来控制风景区的人口。

为了协调风景区与周边居民点之间的关系，凡含有居民点的风景区，应编制居民点调控规划；凡有一个或一个以上的乡镇的风景区，必须编制居民社会系统规划。

第一节　居民社会系统的组成

一、居民点

人类按照生产和生活需要而形成的集聚定居地点。按性质和人口规模，居民点分为城市和乡村两大类。

二、城市

城市，是以非农业产业和非农业人口集聚形成的较大居民点，包括按国家行政建制设立的市、镇。相对于乡村来说，城市的最大特征为生产要素的高度集中，及由此带来的积聚效应及规模效益使城市的生产力较乡村的社会生产力有很大的提升。

三、乡村

乡村，居民以农业为经济活动基本内容的一类聚落的总称，是我国分布最广的一类居民点。由于乡村居民点分布广泛，在很多风景名胜区内都存在着乡村。

第二节　居民社会调控规划

一、居民社会调控的原则

(1) 严格控制人口规模，建立适合风景区特点的社会运转机制

为了保护风景区内的自然资源，减少人类活动对自然资源的影响，区内的居民点的规模不宜过大，这就必然要求区内的人口数量要有严格要求。以规划区保护建设为主导，制定政策，控制风景名胜区内的居住人口，特别是人口机械增长率不能过快。保持地方特色，严格控制村镇用地规模，杜绝土地资源浪费。区内的人口应大多为风景区服务，或者部分传统风貌的村庄已经成为风景区的组成部分，其余的与风景区无关人口则应逐步迁出风景区外。

(2) 建立合理的居民点或居民点系统

根据风景区自身的资源条件，确立新的居民点体系，确定不同的居民点发展模式，引导区内的与风景区无关的居民逐步向外迁移。

(3) 引导淘汰型产业的劳力合理转向

通过详细调查需要取缔和淘汰的行业，制定一系列促进劳动力合理转向的优惠政策，引导和控制淘汰产业的劳动力的合理转向。

二、居民社会调控的任务

居民社会调控的任务为：居民社会调控规划应科学预测和严格限定各种常住人口规模及其分布的控制性指标；应根据风景区需要划定无居民区、居民衰减区和居民控制区。通过居民点的调控，实现风景区内资源的合理利用。

三、居民社会调控的内容和要求

居民社会调控的内容包括：对设计的旅游城镇、社区、居民点和管理服务基地提出发展、控制和搬迁的调控要求，具体可以包括现状、特征与趋势分析，人口发展规模与分布，经营管理与社会组织，居民点性质、职能、动因特征和分布，经营管理和社会组织，居民点性质、职能、动因特征和分布，用地方向与规划布局，产业和劳动力发展规划等。

四、居民社会调控规划的方法

在居民社会因素比较丰富的风景区内，可以形成比较完整的居民点系统规划。这种规划同风景区所在地域的城乡规划有着密切的联系。居民社会调控规划要与城乡规划相协调，对已有的城镇和乡村提出调整要求，对拟建的旅游村、旅游镇等提出规划纲要，对城乡与风景的关系提出协调发展规划。在规划中，对村庄的调控方法，是按照人口变动趋势，划分为搬迁型、缩小型、控制型、聚居型四种基本类型，并分别控制各种类型的规模、布局和建设管理措施。也能按照不同的功能将村长分为不同的居民点。

案例分析　云南西双版纳风景名胜区居民社会调控规划

西双版纳风景名胜区内的居民点是长期自然发展形成的，有的村落与自然景观和谐统一，有的长期以来自然形成独特的格局，成为一种特殊的景观。因此，规划针对景区规划范围内的居民点，根据其自身特点、环境及与风景名胜区的关系，将其划分为旅游型居民点、

服务型居民点和普通型居民点。

1. 旅游型居民点

是指具有良好的自然环境、村落布局、建筑形态景观，可以作为景点开展村落旅游的村庄，可设相应的餐饮、住宿、咨询、文化展示、购物等多样性旅游服务设施。由当地居民兼任景区的管理人员和旅游服务工作人员。此部分居民点包括西双版纳傣族园、曼竜代、城子等。在旅游型居民点内，禁止新增工业、农业用地，禁止新建与旅游点性质与管理目标不符的项目，对建筑的修缮、改建，必须以原有的传统风貌为原则，杜绝出现建设性破坏行为。

2. 服务型居民点

是指可以提供一定旅游服务的村庄，设有相应的餐饮、咨询、交通和购物等基本旅游服务设施。在服务型居民点周围禁止建设有污染的工业项目，并对影响环境的项目、质量较差的建筑进行改造、搬迁、拆除。服务型居民点主要包括补蚌、石良子、南糯山、曼囡等。涉及景区外的服务型居民点包括景洪、勐腊、打洛等市县居民集中地。

3. 普通型居民点

指规划区范围内的其余居民点，普通型居民点禁止建设有污染的工业项目，应有控制的发展用地规模，新建、改建建筑的形式、材料、尺度应具有地方风格。

第十章 经济发展引导规划

风景区内的经济发展是一类特殊的经济发展模式，不同于普通的城乡经济发展，它的发展有很多限制条件，它依托风景区内的景观资源而存在并发展，也同时起到振兴地方经济的作用。

第一节 经济发展引导规划的原则和内容

风景区经济引导方向，应以经济结构和空间布局的合理化结合为原则，提出适合风景区经济发展的模式及保障经济持续发展的步骤和措施。

一、保护风景旅游资源，坚持可持续发展的方针

资源和环境是景区经济发展的载体，资源和环境保护是第一位的，在资源及环境保护与经济发展产生矛盾时，应站在可持续发展的高度，使经济发展无条件地让位于资源及环境保护。只有保护好了资源和环境，风景区才能存在下去，区内的特色经济才能继续发展。

二、居民点经济发展应与风景名胜区的建设相协调，必须符合景区的发展目标

景区依然是当地居民赖以生存的空间资源，景区建设发展的好坏直接影响当地经济结构的调整，经济的发展方向也直接影响景区的建设发展。因此，必须使景区的建设发展与经济的发展保持一个良性的循环过程，相互依存。

第二节 经济发展引导的具体措施

一、多方向发展农业

首先，要推行可持续的土地利用管理制度，固定耕地面积，选用优种，运用科技提高耕地产量；其次，本着因地制宜的指导思想，农业应向多方向发展，以充分挖掘本区的潜力。具体措施如下。

1. 建立经济作物生产基地

在保证粮食自给的前提下，逐步建立起合理的种植结构和布局，使当地特色农产品成为旅游商品，增加其销量及产品附加值，增加农村经济收入，改善风景区农民的生活状况。

2. 部分农业向观光农业转换

观光农业改变了我国传统农业仅仅专注于土地本身的大耕作农业的单一经营思想，把发展的思路拓展到关注人——地——人和谐共存的更广阔的背景之中，使农业种植成为风景区的重要组成部分，如云南罗平风景名胜区及江西婺源风景名胜区内的大面积油菜种植，既是

当地重要的农业产品，而更由于油菜花的盛开，油菜花与周边景观相互映衬，显示出独特的景观，每年的开花季节成为了这些景区的旅游旺季。农业成为了风景区的重要组成部分。

二、以保护为主，健全森林功能

要健全森林功能，扩大生态公益林，增强防护林体系的投入和管理措施，实行封、育、造、管并举，增加森林覆盖率，治理水土流失，遏制生态环境恶化趋势，建设稳定、长期永续的森林资源体系。

三、大力发展以旅游业为龙头的第三产业

旅游业是劳动密集型产业，吸纳就业人员多，能够使社区和群众直接受益，有利于当地居民脱贫致富。当地居民可以直接为游客提供服务，或者为游客提供地方农副产品等。只要规划管理得当，旅游活动对自然环境的扰动也远比矿业、工业和农业的扰动要小。

旅游业的发展不但能从经济上给当地居民带来收入，使他们致富，而且随着社区旅游的开展和接待外来旅游者的需要，当地一些原先几乎被人们遗忘了的传统习俗和文化活动重新得到开发和恢复；传统的手工艺品因市场需求的扩大重新得到发展；传统的音乐、舞蹈等又受到重视和发掘；长期濒临湮灭的历史遗产不仅随着社区旅游的开展而获得了新生，而且成为其他旅游接待国或地区所没有的独特文化资源。它们不仅受到旅游者的欢迎，而且使当地人民对自己的文化增添了新的自豪感。

第十一章　土地利用协调规划

人口众多，土地资源短缺是我国的基本国情，所以土地资源的合理利用，对风景区而言，有着重要的意义，盲目开发，造成土地利用类型比例严重失调，不仅会给风景区的生态环境带来负面影响，甚至会导致风景名胜区开发建设的失败。

随着风景名胜区的发展建设，区域内的土地利用性质有一部分将会发生根本的转变，一些原来的耕地或林地等土地将被征用于旅游活动开发建设之用地或者作为游憩娱乐用地。风景区的用地时常负载着自然与文化遗产，连带着宝贵的景源，对于这样的土地必须综合协调，有效控制其利用方式。土地利用协调规划是风景区的专项规划之一，可以表示一个风景区的土地在未来发展的利用模式。

第一节　土地的基本概念

狭义的土地指陆地表层，也就是我们脚下的土地。广义的土地指陆地、内陆水域和滩涂。土地利用规划中的“土地”指广义的土地。《风景名胜区条例》中对土地及其利用做了规定：风景名胜区的土地，任何单位和个人都不得侵占。风景名胜区内的一切景物和自然环境，必须严格保护，不得破坏或随意改变。在游人集中的游览区内，不得建设宾馆、招待所以及休养、疗养机构。在珍贵景物周围和重要景点上，除必需的保护和附属设施外，不得增建其他工程设施等。

一、土地资源的特性

1. 自然特性

(1) 土地资源的不可再生性和效用的永续性。

(2) 土地位置的固定性和质量的差异性。

2. 经济特性

指的是土地供给的稀缺性和土地效益的级差性。

3. 社会特性

表现为土地依附于一定的社会权力。

4. 法律特性

土地资源的法律特性具有以下内涵：土地是一种资产类别——不动产；土地的社会隶属；土地使用权的有偿转让等。

二、土地所有制

土地所有制是土地重要的经济特性和法律特性。风景区土地的地表上下负载着自然与文化遗产，因而，风景区土地的国有属性，对于风景区的合理发展、土地的合理利用有着十分重要的意义。风景区土地的国家所有，可以保证“地尽其用”，可以保证与相关规划的相互协调。

三、影响风景区土地利用的因素

1. 自然因素

自然因素包括自然条件和自然资源。自然条件是风景地貌构景的基础，决定了风景资源的类型；自然资源中的风景资源是产生风景经济的“动力”资源，包括景观因素、环境质量因素和环境气氛因素三个方面。

2. 经济因素

土地利用的经济因素，首先是社会经济发展状况对土地的需求，其次是土地利用的可能性，再者是土地利用的经济效益。一方面，经济发展要求在广度和深度上加强风景区土地的利用，另一方面社会经济的发展，又使人类利用风景区土地的手段和力量不断加强，从而使土地利用的面貌不断改观。风景区的经济发展，也是一种特定的区域综合开发，其土地利用的深度和广度也必须考虑在经济上是否合算。

3. 交通因素

风景区的交通分为内部交通和外部交通。便利的外部交通能大大缩短客源地与风景区的空间距离，是影响风景区经济整体发展的重要因素。风景区的内部交通与风景资源的空间分布有关，过于分散的景点会加剧游客长时间行程的厌倦感，从而降低风景资源的综合价值。其次，路网密度、路面状况也会影响到风景区土地利用。

4. 市场因素

旅游市场是风景区土地利用规划最重要的依据之一。把握旅游市场的发展变化趋势，根据市场需求调整风景区旅游产品结构，在此基础上进行合理的土地利用规划。

第二节　土地利用的现状调查、分析及评估

一、土地资源现状调查目的

土地资源调查是对土地资源的类型、数量、质量、空间变异、生产潜力、适宜性及其在社会经济活动中利用和管理的状况进行综合考察的一项基础性工作。土地资源现状调查的目的在于：

① 为土地资源管理提供基本数据；

② 充分发挥风景区土地综合潜力；

③ 实现土地资源的动态监测；

④ 制订土地利用协调规划的重要依据。

二、现状调查的方法与结果分析

1. 土地利用现状调查的基本方法

① 经纬仪测图；②平板仪测图；③航空遥感调查；④卫星遥感监测和计算机辅助制图。

2. 土地利用现状分析

土地利用现状分析指在风景区的自然、社会经济条件下，对全区各类土地的不同利用方式及其结构所作的分析，包括风景、社会、经济三方面效益的分析。通过分析，总结其土地

利用的变化规律和有待解决的问题。

土地利用现状分析，可以用表格、图纸或文字等多种方式表示。

土地利用现状分析，应表明土地利用现状特征，风景用地与生产生活用地之间的关系，土地资源演变、保护、利用和管理存在的问题。

三、土地资源的分析评估

风景区土地资源分析评估，应包括对风景区内土地资源的特点、数量、质量与潜力进行综合评估或专项评估。专项评估是以某一种专项的用地或利益为出发点，进行评估，如风景资源评估、用地条件评估等。综合评估在专项评估的基础上进行，是以多种可能的用途或利益为出发点，在一系列自然和人文因素方面，对用地进行可比的规划评估。按其可以利用程度分为：有利、不利、比较有利三种地区、地段或地块，并在地形图上表示。

1. 土地资源评估的任务

① 通过评估，为预测土地利用潜力、确定规划目标、平衡用地矛盾提供科学论证，也为风景区土地利用提供科学依据。

② 通过评估，建构风景区土地资源合理的利用结构，并协调三大效益。

③ 通过评估，为发挥整体效应、宏观效应提供经验，为不同类型景点建设准备条件。

2. 土地资源评估的类型

① 土地的自然适宜性、生产潜力和土地经济评估；

② 土地的定性评估和定量评估；

③ 土地的专项评估和综合评估；

④ 土地的当前适宜性和潜在适宜性评估。

第三节　土地利用规划

风景区土地利用协调规划是在土地利用现状分析、土地资源评估的基础上，根据规划的目标和任务，对各种用地进行需求预测和反复平衡，拟定各种用地指标，编制规划方案和编绘规划图纸。风景用地往往和生产、生活用地交融在一起，因而，风景区的土地利用比较复杂，从而导致土地利用协调规划的复杂性。

一、土地利用规划的原则

1. 突出风景区土地利用的重点与特点，扩大风景用地

我国的风景区类型多样，在规划时要根据风景区的特点，增加游赏用地和游览设施用地，扩大风景区的用地，增加风景区的游赏功能，突出风景区的特点。

2. 保护风景游赏地、林地、水源地和优良耕地

风景游赏地是风景区内游览欣赏对象集中的用地，是风景区之所以存在的根本；林地是构成风景区的重要组成部分；水源地则是周边地区人民用水的来源，水源一旦遭受破坏，很难在短时间内恢复，将长期影响周边地区用水供应；保护耕地是我国的一项基本政策，我国现有耕地约19亿亩，而要保证我国的粮食安全，必须保证有18亿亩的耕地，综上所述，我们要对风景游赏地、林地、水源地和优良耕地进行保护。

3. 因地制宜的合理调整土地利用

发展符合风景区特征的土地利用方式与结构。

土地资源在利用时有多重性，如有的土地适宜耕作，有的土地适宜建设。风景区内的土地要因地制宜地调整土地利用，发展符合风景区特征的土地利用方式与结构。

二、土地利用规划的内容

风景区土地利用规划的内容主要包括：土地资源分析评估、土地利用现状分析及其平衡表、土地利用规划及其平衡表。

风景区的土地利用规划，应在土地利用需求预测与协调平衡的基础上，表明土地利用规划分区及其用地范围。

三、用地分类规划及土地利用平衡

1. 用地分类

用地分类是风景区土地统计的前提，是风景区土地规划的基础，也是监督风景区土地利用的有效手段。风景区的用地分类，首先以风景区用地特征和作用及规划管理需求为基本原则，同时考虑全国土地利用现状分类和相互专业用地分类等常用方法，使其在分类原则和分类方法上相互协调，便于调查成果和相关资料互用与共享。

按照我国现行的《风景名胜区规划规范》(GB 50298—1999) 中规定的土地分类中只有大类和中类，如在规划中需要小类，需要根据风景区的具体情况来确定。具体分类详见表11-1。

表 11-1　风景区用地分类表

类别代号			用地名称	范　　围	规划限定
大类	中类	小类			
甲			风景游赏用地	游览欣赏对象集中区的用地。向游人开放	▲
	甲1		风景点建设用地	各级风景结构单元(如景物、景点、景群、园、院、景区等)的用地	▲
	甲2		风景保护用地	独立于景点以外的自然景观、史迹、生态等保护区用地	▲
	甲3		风景恢复用地	独立于景点以外的需要重点恢复、培育、涵养和保持的对象用地	▲
	甲4		野外游憩用地	独立于景点之外，人工设施较少的大型自然露天游憩用地	▲
	甲5		其他观光用地	独立于上述四类用地之外的风景游赏用地。如宗教、风景林地等	△
乙			游览设施用地	直接为游人服务而又独立于景点之外的旅行游览接待服务设施用地	▲
	乙1		旅游点建设用地	独立设置的各级旅游基地(如部、点、村、镇、城等)的用地	▲
	乙2		游娱文体用地	独立于旅游点外的游戏娱乐、文化体育、艺术表演用地	▲
	乙3		休养保健用地	独立设置的避暑避寒、休养、疗养、医疗、保健、康复等用地	▲
	乙4		购物商贸用地	独立设置的商贸、金融保险、集贸市场、食宿服务等设施用地	△
	乙5		其他游览设施用地	上述四类之外，独立设置的游览设施用地，如公共浴场等用地	△

续表

类别代号			用地名称	范围	规划限定
大类	中类	小类			
丙			居民社会用地	间接为游人服务而又独立设置的居民社会、生产管理等用地	△
	丙1		居民点建设用地	独立设置的各级居民点(如组、点、村、镇、城等)的用地	△
	丙2		管理机构用地	独立设置的风景区管理机构、行政机构用地	▲
	丙3		科技教育用地	独立地段的科技教育用地，如观测科研、广播、职教等用地	△
	丙4		工副业生产用地	为风景区服务而独立设置的各种工副业及附属设施用地	△
	丙5		其他居民社会用地	如殡葬设施等	○
丁			交通与工程用地	风景区自身需求的对外、内部交通通讯与独立的基础工程用地	▲
	丁1		对外交通通讯用地	风景区入口同外部沟通的交通用地。位于风景区外缘	▲
	丁2		内部交通通讯用地	独立于风景点、旅游点、居民点之外的风景区内部联系交通	▲
	丁3		供应工程用地	独立设置的水、电、气、热等工程及其附属设施用地	△
	丁4		环境工程用地	独立设置的环保、环卫、水保、垃圾、污物处理设施用地	△
	丁5		其他工程用地	如防洪水利、消防防灾、工程施工、养护管理设施等工程用地	△
戊			林地	生长乔木、竹类、灌木、沿海红树林等林木的土地，风景林不包括在内	△
	戊1		成林地	有林地，郁闭度大于30%的林地	△
	戊2		灌木林	覆盖度大于40%的灌木林地	△
	戊3		竹林	生长竹类的林地	△
	戊4		苗圃	固定的育苗地	△
	戊5		其他林地	如未成林造林地、郁闭度小于30%的林地	○
己			园地	种植以采集果、叶、根、茎为主的集约经营的多年生作物	△
	己1		果园	种植果树的园地	△
	己2		桑园	种植桑树的园地	△
	己3		茶园	种植茶园的园地	○
	己4		胶园	种植橡胶树的园地	△
	己5		其他园地	如花圃苗圃、热带作物园地及其他多年生作物园地	○
庚			耕地	种植农作物的土地	○
	庚1		菜地	种植蔬菜为主的耕地	○
	庚2		旱地	无灌溉设施、靠降水生长作物的耕地	○
	庚3		水田	种植水生作物的耕地	○
	庚4		水浇地	指水田菜地以外，一般年景能正常灌溉的耕地	○
	庚5		其他耕地	如季节性、一次性使用的耕地、望天田等	○

续表

类别代号			用地名称	范围	规划限定
大类	中类	小类			
辛			草地	生长各种草本植物为主的土地	△
	辛1		天然牧草地	用于放牧或割草的草地、花草地	○
	辛2		改良牧草地	采用灌排水、施肥、松耙、补植进行改良的草地	○
	辛3		人工牧草地	人工种植牧草的草地	○
	辛4		人工草地	人工种植铺装的草地、草坪、花草地	△
	辛5		其他草地	如荒草地、杂草地	△
壬			水域	未列入各景点或单位的水域	△
	壬1		江、河		△
	壬2		湖泊、水库	包括坑塘	△
	壬3		海域	海湾	△
	壬4		滩涂	包括沼泽、水中苇地	△
	壬5		其他水域用地	冰川及永久积雪地、沟渠水工建筑地	△
癸			滞留用地	非风景区需求，但滞留在风景区内的各项用地	×
	癸1		滞留工厂仓储用地		×
	癸2		滞留事业单位用地		×
	癸3		滞留交通工程用地		×
	癸4		未利用地	因各种原因尚未使用的土地	○
	癸5		其他滞留用地		×

规划限定说明：应该设置▲；可以设置△；可保留不宜新置○；禁止设置×。

（来源：《风景名胜区规划规范》，1999）

在风景区规划中，规划工作是分阶段的，在规划的不同阶段，土地利用规划工作的粗细程度、主要工作内容、解决的主要问题等方面都是不同的，可依据工作性质、内容、深度的需求，采用以上用地分类中的全部或部分分类，但不能增设新的类别，其中，在详细规划中多使用小类。参照《城市规划编制办法》，规划的不同工作阶段与土地分类的关系如下：

(1) 总体规划中的土地利用规划，用地以大类为主，中类为辅。

(2) 分区规划中的土地利用规划，用地以中类为主，小类为辅。

(3) 控制性详细规划中的土地利用规划，用地分类至小类。

2. 土地利用平衡

风景区内的土地是有限的，景区内各类用地的增减变化都会导致其他用地面积的变化，故而风景区内各用地的配置需要进行平衡，不能随意改变风景区内的土地利用性质。进行土地利用协调规划时，需要编制风景区的用地平衡表。用地平衡表是表达已定案的风景区土地规划中各类用地面积及其所占比例的一张表格。风景区用地平衡表应标明在规划前后土地利用方式和结构的变化，是土地利用规划成果的表达方式之一。具体内容详见表11-2。

表 11-2 风景区用地平衡表

<table>
<tr><th rowspan="2">序号</th><th rowspan="2">用地代号</th><th rowspan="2">用地名称</th><th rowspan="2">面积/km²</th><th colspan="2">占总用地/%</th><th colspan="2">人均/(m²/人)</th><th rowspan="2">备注</th></tr>
<tr><th>现状</th><th>规划</th><th>现状</th><th>规划</th></tr>
<tr><td>00</td><td>合计</td><td>风景区规划用地</td><td></td><td>100</td><td>100</td><td></td><td></td><td></td></tr>
<tr><td>01</td><td>甲</td><td>风景游赏用地</td><td></td><td></td><td></td><td></td><td></td><td></td></tr>
<tr><td>02</td><td>乙</td><td>游览设施用地</td><td></td><td></td><td></td><td></td><td></td><td></td></tr>
<tr><td>03</td><td>丙</td><td>居民社会用地</td><td></td><td></td><td></td><td></td><td></td><td></td></tr>
<tr><td>04</td><td>丁</td><td>交通与工程用地</td><td></td><td></td><td></td><td></td><td></td><td></td></tr>
<tr><td>05</td><td>戊</td><td>林　地</td><td></td><td></td><td></td><td></td><td></td><td></td></tr>
<tr><td>06</td><td>己</td><td>园　地</td><td></td><td></td><td></td><td></td><td></td><td></td></tr>
<tr><td>07</td><td>庚</td><td>耕　地</td><td></td><td></td><td></td><td></td><td></td><td></td></tr>
<tr><td>08</td><td>辛</td><td>草　地</td><td></td><td></td><td></td><td></td><td></td><td></td></tr>
<tr><td>09</td><td>壬</td><td>水　域</td><td></td><td></td><td></td><td></td><td></td><td></td></tr>
<tr><td>10</td><td>癸</td><td>滞留用地</td><td></td><td></td><td></td><td></td><td></td><td></td></tr>
<tr><td rowspan="2">备注</td><td colspan="8">________年,现状总人口________万人。其中:(1)游人________(2)职工________(3)居民________</td></tr>
<tr><td colspan="8">________年,规划总人口________万人。其中:(1)游人________(2)职工________(3)居民________</td></tr>
</table>

(来源:《风景名胜区规划规范》,1999)。

案例分析 乐山大佛风景区土地利用协调规划

一、用地分类

风景区内土地依其使用性质划为六大类,即风景游览用地、生态保护用地、旅游服务设施用地、居民社会用地、基础工程用地和水域及特殊用地。

1. 风景游览用地

风景区内供游客游赏,以景观保存、展示、开发为利用方式的土地,分布于凌云山、乌尤岛、柿子湾、龟城山、东岩、凤洲岛、马鞍山等地区,面积 290.71 万平方米,占总用地的 16.26%。

2. 生态保护用地

风景区内游人不进入,以风景环境的围护,天然植被保存和生态环境保护为利用方式的土地,分布于 305 省道与乐五路之间,面 积 405.61 万平方米,占总用地的 22.69%。

3. 旅游设施用地

风景区内供各级服务、商业、医疗等旅游设施建设的土地,面积 38.76 万平方米,占总用地的 2.17%。

4. 居民社会用地

风景区内供居民居住、生产的土地,包括居民乡、居民村、居民点的居住服务用地和观光农业的农田、果园、鱼塘生产用地,分布于杜家坝,其中居民建设用地为面积 43.86 万平方米,占总用地的 2.45%;耕地为面积 246.22 万平方米,占总用地的 13.77%。居民社会用地面积 290.08 万平方米,占总用地的 16.22%。

5. 基础工程用地

风景区内各类基础设施建设占用地,包括对外交通、道路、电力、给排水、邮电、电讯、广播、电视等市政设施用地,面积 27.72 万平方米,占总用地的 1.55%。

6. 水域及其他用地

风景区内各类水体及二十年一遇洪水淹没区占地，面积 699.77 万平方米，占总用地的 39.14%；二十年一遇洪水淹没区面积 239.02 万平方米，占总用地的 13.39%。水域面积 460.75 万平方米，占总用地的 25.77%。

二、用地调整

1. 一期

将乐五路旅游干道任家坝——九峰段两侧各 20m 范围的非风景游览用地调整为风景游览用地，涉及用地 32 宗，总用地 27.62 万平方米。

2. 二期

将乐五路旅游干道任家坝——九峰段两侧各 50 米范围的非风景游览用地和乌尤坝现有用地调整为风景游览用地，涉及用地 20 宗，总用地 44.06 万平方米。

3. 三期

将乐五路旅游干道九峰——大石桥段两侧各 50 米范围的非风景游览用地和马鞍山现有用地调整为风景游览用地，涉及用地 4 宗，总用地 39.41 万平方米。

第十二章　基础工程规划

第一节　基础工程规划的原则和内容

一、风景区基础工程规划的原则

① 符合风景区保护、利用、管理的要求；
② 同风景区的特征、功能、级别和分区相适应，不得损坏景源、景观和风景环境；
③ 要确定合理的配套工程、发展目标和布局，并进行综合协调；
④ 对需要安排的各项工程设施的选址和布局提出控制性建设要求；
⑤ 对于大型工程或干扰性较大的工程项目及其规划，应进行专项景观论证、生态与环境敏感性分析，并提交环境影响评价报告。

遵循“全面规划，分期建设；经济高效，综合协调”的原则，在总体规划的基础上合理布局，各项基础设施的规划与相应的旅游服务中心或服务点的规模相匹配、分散布置。工程设施应避开景观视廊，充分利用现有设施，保障规划目标的实现，达成社会效益、环境效益和经济效益的统一。在风景名胜区内建设项目应当按照《中华人民共和国水土保持法》的相关规定编制水土保持方案报水行政主管部门审查同意。景区的取用水，如直接从江河、湖泊或者地下取用水的，应到水行政主管部门申请领取取水许可证；风景名胜区规划具体实施过程中的水景区建设，涉及在河道管理范围内建设桥梁、码头和其他拦河、跨河、临河建设物、铺设跨河管道、电缆等及在蓄滞洪区内建设永久建筑物的，其工程建设方案应当依照《中华人民共和国防洪法》的有关规定报经水行政主管部门审查同意。

同城市一样，风景区内也要有相应的基础设施才能保证其正常的发展，基础设施是风景区内游览和保护活动开展的基础。

二、风景区基础设施规划的内容

风景区的种类多样，地域分布条件各有不同，所需要的基础设施项目复杂，如：道路交通、电力电信、给水排水、燃气、暖气、防灾、减灾、环保、环卫等工程都有涉及。对于城市附近的风景区而言，可以借用城市基础设施为风景区服务，降低风景区建设的投资成本。而对于远离城市的风景区，就必须为景区配备相应的基础设施。本章仅从风景区内常见的道路交通、电力电信、给水排水几个方面来进行阐述。

第二节　交通和道路规划

一、基本概念

1. 交通

交通的定义为：人与物的运输与流通。交通包括各种现代的与传统的交通运输方式，而从广义来说，信息的传递也可归入交通的范畴。

2. 道路

道路原为“导路”，“路者露也，赖之以行车马者也”。道路是能够提供搁置车辆和行人等通行的工程设施。道路运输是交通运输的主要方式。道路则是交通得以正常运行的重要物质载体之一。

3. 风景区道路

风景区道路是在风景区范围内，供车辆和行人通行的具备一定技术条件和设施的道路，是指在风景区内担负交通的主要设施，是游人和车辆往来的专用地。它联系风景区的各个组成部分，既是风景区布局结构的骨架，又是风景区安排工程基础设施的主要空间。

4. 对外交通

风景区对外交通泛指风景区与其他地区之间的交通，主要是风景区与周边城市联系的交通。由于风景区对环境保护的要求，风景区的航空、铁路、航运、公路等设施大多设置于风景区附近的城市内。

5. 内部交通

风景区内部交通是指区域范围内的交通，包括游览交通和社会服务交通。风景区的内部交通通常包括车行交通和步行交通，有的还有缆车、畜力等交通类型。

二、交通规划

风景区交通规划，应分为对外交通和内部交通两方面内容，应进行各类交通流量和设施的调查、分析、预测，提出各类交通存在的问题及其解决措施等内容。

① 对外交通应要求快速便捷，布置于风景区以外或边缘地区

随着人们生活水平的日益提高，参与旅游的人越来越多，但是风景区的可达性及到达的舒适性极大地制约着风景区的发展。为了使游客快捷地到达风景区，风景区的对外交通要求快速便捷，采用的交通方式可以是航空、铁路及公路、水运等，在风景区和主要客源地之间建设快速交通设施，减少游客到达景区的时间，同时增加舒适性，这也是常说的“旅要快”。而为了减少交通基础设施对风景区的影响，这些设施应布置于风景区以外或边缘地区。

② 内部交通应方便可靠和适合风景区特点，并形成合理的网络系统

游客快速到达风景区的边缘后，进入景区的交通则体现出另一个特点来，就是与“旅要快”相对应的“游要慢”。景区内的交通要求适应风景区内游赏的需求，联系起风景区内的各个景点及服务区，并且要考虑与风景区内的游人量相协调。交通形式要多样化，为不同需求的游客提供差异的交通服务，满足不同游赏形式的需求。如有的景点间可以有多种交通方式，对于身体较好、时间充裕、愿意徒步欣赏沿途美景的游客，可以走步行游路；而对于身体较差或时间紧张的游客，可以采用缆车或者骑马等交通方式。对于风景区内有大量居民的，要考虑居民的交通流与游客的交通流尽量相互分离，避免相互干扰。

③ 对内部交通的水、陆、空等机动交通的种类选择、交通流量、线路走向、场站码头及其配套设施，均应提出明确而有效的控制要求和措施。

风景区内交通建设条件与城市不同，交通方式的选择除了要考虑经济性外，还要重点考虑交通对环境的影响。比如为了保护环境，风景区内很多景点不能修建机动车道通达，只能有简易的人行道，有的风景区内使用索道交通，也是在满足交通要求下对环境影响较小的一种方式。风景区中主要的交通流向一般是从入口至主要的景点，景点间的线路组合合理，就能使交通流向及流量分部合理，比较好的景区规划能有环状的主要道路，使游客在欣赏风景时不用走重复的道路。风景区内主要的场站码头及其配套设施一般位于风景区的入口及主要

景点附近，它们的位置尽量距离游客吸引点近，可以减少游客步行的距离，降低游客在游览中的体能消耗，也能增加景点的游客周转速度。但不是所有的站场都可以在景点附近，有的景点因为自然条件的限制，无法在周边设置交通站场，就只能在较远的地方设施交通站场，让游客步行前往景点。在风景区的交通规划中，要从环境保护的角度出发来选择合适的交通组织方式，游客的舒适性及交通的方便性与环境保护相比则放到了较轻的位置。

三、道路规划

风景区道路规划，应符合以下规定：

① 合理利用地形，因地制宜地选线，同当地景观和环境相配合；

② 对景观敏感地段，应用直观透视演示法进行检验，提出相应的景观控制要求；

③ 不得因追求某种道路等级标准而损伤景源与地貌，不得损坏景物和景观；

④ 应避免深挖高填，因道路通过而形成的竖向创伤面的高度或竖向砌筑面的高度，均不得大于道路宽度，并应对创伤面提出恢复性补救措施。

案例分析　峨眉山风景名胜区交通道路规划

1. 对外交通

远期完成市区——峨秀湖——天下名山交通干线，作为峨眉山的辅助交通线，连接成乐高速公路和成昆铁路；报国寺设对外交通客运汽车站。现有103省道、成乐高速公路、峨乐快速路及其他高等级公路使风景区对外交通与成昆铁路、成都双流国际机场相衔接。

2. 道路系统结构

以现有道路为基础，形成双环状路网形式，局部片区形成小环线相联系。

3. 道路规划

① 公路　保持现状总长62.5km。

② 步道　保持现状步道基础上，新建清音阁至大坪2.1km，张沟至万佛顶10km，伏虎寺至罗峰庵1.5km三条步道，以及万佛顶下山栈道400m。步道总长83.4km，宽度不应大于2.0m。

③ 索道　上轮规划确定了六条索道，现已建成二条：万年场——万年寺索道和接引殿——金顶索道，已批准待建一条：万年寺——二道桥索道。本轮规划保留以上三条索道，并将原规划的弓背山——洗象池索道减少长度，调整为洗象池——白云亭，建设前必须先行进行可行性论证和环境评价。其余索道一律取消。

④ 观光车道　保留金顶至万佛顶观光车道。

4. 公共停车场

改造雷洞坪（1万平方米）、零公里（0.5万平方米）、万年场（1万平方米）、五显岗（0.5万平方米）、峨秀桥（0.7万平方米）五处停车场；新建龙洞（0.7万平方米）、黄湾（1万平方米）、张沟（0.2万 平方米）五处停车场。规划停车场总面积5.6万平方米，新增1.9万平方米。

第三节　通信工程规划

风景区的通信工程设施包括邮政设施、通信设施、有线电视、广播等设施。随着技术的发展，越来越多的通信技术和设备将运用于风景区的建设中。

风景区邮电通信规划必须遵循两个基本原则：一是满足风景区的性质和规模及其规划布局的多种需求；二是迅速、准确、安全、方便的邮电服务要求。

邮电通信规划，应提供风景区内外通信设施的容量、线路及布局，并应符合以下规定：

① 各级风景区均应配备能与国内联系的通信设施；

② 国家级风景区还应配备能与海外联系的现代化通信设施；

③ 在景点范围内，不得安排架空电线穿过，宜采用隐蔽工程。

为了满足风景区内的游客办理邮政业务的需求，便于邮件的收集、发送和及时的投递，需要设置邮政设施。如果在风景区附近的城镇有邮局，并在合理的服务半径内，风景区可以和城镇共用邮局。如果风景区远离城市，则需要在风景区内的游客中心附近设置邮政所。

对于风景区内的有线电话规划，可以用单耗指标套算法来进行电话设备容量的预测。根据不同的建筑性质和游人规模来综合确定电话主线数量，其标准如表12-1。

表12-1　每对电话主线所服务的建筑面积

建筑性质	办公	商业	旅馆	多层住宅	高层住宅	幼托	学校	医院	文化娱乐	仓库
建筑面积/m^2	20～25	30～40	35～40	60～80	80～100	85～95	90～100	100～120	110～130	150～200

风景区分散的旅游服务点按每处两门电话考虑，风景区主要游览道路每隔300～500m设置一部公用电话。风景区一般不单独设置电话局。新增的电话通常由周边城镇的电话局引入。

现在我国城市的无线通信系统发展十分迅速，城市及主要公路已经基本覆盖，能满足大多数风景区的通信要求。个别风景区内的部分地区因地形限制产生信号盲区，可以通过在适当地点增加基站的方式解决，但在基站位置的选择上要注意，不要影响风景区的主要景观。

案例分析　香格里拉虎跳峡风景区通讯工程规划

1. 规划目标

大力规划区内提高电话普及率，保证规划区内居民电话需求及游客电话需求，建设覆盖全规划区的大通路光纤通信系统、数字微波干线系统、卫星通信系统，实现全网数字化。

2. 电信工程规划

以虎跳峡镇电信交换点为中心，建成多种通信手段，安全可靠，迅速方便的主体通信网。在有线通信方面，由虎跳峡镇电信交换点引出光纤线路，通过光纤网络将各景点连接起来；至规划远期规划区内电话普及率达到40%（40部/百人）以上；无线通信方面，建成覆盖整个规划区的无线寻呼及数字通信网，并辅以适量的ETS450MHZ无线接入网。通过建设快捷方便的通信网络，为规划区的旅游经济发展奠定坚实的基础。

3. 电信容量预测

至2020年电话普及率按40%计算，并取20%～30%的用量可得程控电话需要量为2000线，电话普及率可达60%（60部/百人）。

4. 其他电信设施

为保证游客的安全，于各景区内沿主游路每隔5km左右设置一部程控电话或紧急电话。其电缆线路应暗埋敷设于各景区内通话需求较大及有可靠不间断电源的地方设置无线电话基站，为当地居民及游客提供方便快捷的通信服务。基站具体位置由电信部门按不影响自然景观的原则确定。

第四节　供电工程规划

为了使风景区能更好地为游客服务，风景区内必须有能满足需求的供电系统。风景区内功能相对简单，一般没有工业用电，所需用电多为风景区服务设施用电及居民生活用电。出于环境保护的考虑，很多在其他地方可以使用的能源在风景区内禁止使用或者减少使用，比如在很多农村地区都广泛使用的木柴或者煤，在风景区内则要求居民少用或者不用这些燃料，在此情况下，环保卫生、使用方便的电能就成为了风景区内首选的能源。

风景区供电规划，应提供供电及能源现状分析、负荷预测、供电电源点和电网规划三项基本内容，并应符合以下规定：

① 在景点和景区内不得安排高压电缆和架空电线穿过；

② 在景点和景区内不得布置大型供电设施；

③ 主要供电设施宜布置于居民村镇及其附近。

一、风景区供电及能源现状分析

风景区内现有供电和能源提供的状况，制约着风景区将来的能量使用情况。根据风景区的位置和风景区开发的条件可分为几种不同类型，每种类型均有各自用电和用能源的特征。

1. 城市附近的风景区

这类风景区距离城市近，依托城市基础设施，用电比较方便，风景区内现状的能源使用情况一般以电能为主。将来风景区的发展中使用电能也有很多便利之处。

2. 远离城市的风景区

这类风景区现状用电很少，用电条件较差，未来风景区开发时对电的使用必然有较大的投入。在风景区建设的初期可以考虑使用小型发动机来满足生产生活的需要。

二、风景区电力负荷预测与计算

风景区的用电主要由宾馆、旅社、饭店、休闲娱乐活动场所、商业零售场所等旅游服务设施用电，行政管理办公场所等风景区配套服务设施用电，照明用电等部分组成。

风景区内的电力负荷一般按照风景区的游客数来测算。各类设施用电指标见表12-2。

表12-2　供水供电及床位用地标准

类别	供水/[L/(床·日)]	供电/(W/床)	用地/(m²/床)	备　注
简易宿点	50～100	50～100	50以下	公用卫生间
一般旅馆	100～200	100～200	50～100	六级旅馆
中级旅馆	200～400	200～400	100～200	四五级旅馆
高级旅馆	400～500	400～1000	200～400	二三级旅馆
豪华旅馆	500以上	1000以上	300以上	一级旅馆
居民	60～150	100～500	50～150	
散客	10～30			

（来源：《风景名胜区规划规范》，1999）

三、风景区的供电电源点和电网规划

风景区的供电电源主要有发电厂和电源变电所两种类型。电源变电所除变换电压外，还起到集中电力和分配电力的作用，并控制电力流向和调整电压。

由于风景区对环境保护的要求，风景区内及其周边不适合设置大型的发电设施。一般风景区的用电由附近的变电所引入，如风景区远离城市，或风景区的部分景点远离风景区的主要部分，从外部引入电力线不便，则可以在景点附近设置小型发电设施，以满足该地的基本电力要求。

1. 发电厂

发电厂主要有火力发电厂、水力发电厂、风力发电厂、太阳能发电厂、地热发电厂和核能发电厂等。

在远离城市的风景区建设的初期，可以在施工过程中使用燃油发电机来满足电力需求。在风景区建成后，部分独立的景点或服务设施可以使用太阳能光伏发电，既环保又能满足电力需求。

2. 变电所

我国变电所等级按进线电压的等级分级：有 500kV、330kV、220kV、110kV、66kV、35kV 等级别的变电所，其中电源变电所的等级一般为 35kV 或 35kV 以上。

电源变电所按构造形式分类，分为屋外式、屋内式、地下式、移动式。变电所技术经济指标见表 12-3～表 12-5。

表 12-3　220～500kV 变电所规划用地面积控制指标

序号	变压等级 (一次电压/二次电压)/kV	主变压器容量 [台/(组)]/MVA	变电所 结构形式	用地面积 /m²
1	500/200	750/2 台(组)	户外式	90000～110000
2	330/220 及 330/110	90～240/2 台	户外式	45000～55000
3	330/220 及 330/10	90～240/2 台	户外式	40000～47000
4	220/110(66，35)及 220/10	90～180/2～3 台	户外式	12000～30000
5	220/110(66，35)	90～180/2～3 台	户外式	8000～20000
6	220/110(66,35)	90～180/2～3 台	半户外式	5000～8000
7	220/110(66,35)	90～180/2～3 台	户内式	2000～4500

表 12-4　35～110kV 变电所规划用地面积控制指标

序号	变压等级(一次 电压/二次电压)/kV	主变压器容量 (MVA)台/(组)	变电所结构形式及用地面积/m²		
			全户外用地面积	半户外用地面积	户内用地面积
1	110(66)/10	20～63/2～3	3500～5500	1500～3000	800～1500
2	35/10	5.6～31.5/2～3	2000～3500	1000～2000	500～1000

表 12-5　35kV～500kV 变电所单台主变压器容量表

变电所电压等级/kV	单台主变压器容量/MVA	变电所电压等级/kV	单台主变压器容量/MVA
500	500 750 1000 1500	110	20 31.5 40 50 63
330	90 120 150 180 240	66	20 31.5 40 50
220	90 120 150 180 240	35	5.6 7.5 10 15 20 31.5

四、配电网络规划

由于风景区内的负荷中心一般比较分散而且单个负荷一般较小，风景区的配电网络一般采用放射式，负荷密集地区及电缆线路宜采用环状。

风景区内的供电线路敷设，一般有架空线路及地下电缆两种。在景点和景区内不得安排高压电缆和架空电线穿过，在景点和景区内的外围地区，可以安排高压电缆及架空电线。为了满足风景区的视觉环境要求，在景点和景区内的供电线路必须采用地下敷设的方式。

架空送电线路可采用双回线或与高压配电线同杆架设。35kV 线路一帮采用钢筋混凝土杆，66kV、110kV 线路可采用钢管型杆塔或窄基铁塔以减少高压走廊占地面积。35kV 及以上的架空电力线路耐张段的长度一般为 3～5km，如运行、施工条件允许，可以适当延长，在高差或者挡距相差非常大的山区和重冰区应适当缩小。10kV 及以下架空电力线耐张段长度不宜大于 2km。

风景区内的供电线路的地下辐射，通常在除变电所出线集中的地段采用电缆沟槽或电缆孔排管敷设外，一般采用直埋敷设的方式。电缆在敷设时一般沿风景区道路的一侧布置，直埋的电缆应使用铠装电缆。

案例分析　云南建水风景名胜区电力规划

1. 供电现状

建水县城境内现有 220kV 变电站 1 座，容量 240000kVA，位于临安镇西湖村；110kV 变电站 2 座，分别位于临安镇陈官（805 变，容量 71500kVA）、曲江镇红坡（在建），35kV 变电站有 12 座，详见表 12-6。

表 12-6　建水县 35kV 变电站统计表

序号	名　称	位　置	容量/kVA	线路长度/km
1	青云变电站	临安镇	12600	5.4
2	石塔变电站	临安镇	12600	0.8
3	东山变电站	临安镇	6300	6.5
4	甘龙井变电站	面甸镇	6300	8.3
5	南庄变电站	南庄镇	8000	13.4
6	李浩寨变电站	李浩寨乡	2000	25
7	曲江变电站	曲江镇	6300	16.7
8	盘江变电站	盘江乡	8800	8.5
9	岔科变电站	岔科镇	2000	24
10	官厅变电站	官厅镇	13150	16
11	坡头变电站	坡头乡	5000	25.6
12	普雄变电站(在建)	普雄乡	—	—

2. 供电规划

(1) 电量负荷预测

规划将建水国家级风景名胜区划分为 4 个景区，用电量按每个景区的床位数计算。详见表 12-7。

表 12-7　建水国家级风景名胜区用电量预测表

景区名称	用电标准/[瓦/(床·日)]	床位数/床	用电量/(千瓦/日)
临安——团山历史文化景区	1000	5000	5000
燕子洞——颜洞岩溶景区	1000	500	500
黄草坝哈尼风情景区	1000	900	900
云龙山宗教文化景区	1000	350	350
合　计	—	6750	6750

(2) 电力规划

临安——团山历史文化景区、燕子洞——颜洞岩溶景区、黄草坝哈尼风情景区和云龙山宗教文化景区4个景区结合实际情况，景区用电与当地居民用电进行统一规划，改造现有电力线路，进行合理布置，满足区内供电要求，并考虑到风景名胜区的环境美化效果，区内的供电线路全部为地埋管道电缆。

第五节　给排水工程规划

风景区给水排水规划，应包括现状分析；给、排水量预测；水源地选择与配套设施；给、排水系统组织；污染源预测及污水处理措施；工程投资匡算。给、排水设施布局还应符合以下规定：

① 在景点和景区范围内，不得布置暴露于地表的大体量给水和污水处理设施；

② 在旅游村镇和居民村镇宜采用集中给水、排水系统，主要给水设施和污水处理设施可安排在居民村镇及其附近。

一、给水工程规划

水是风景区内各类服务设施正常运转的基本要素之一。风景区给水规划就是要安全可靠、经济合理地供给风景区内各种设施的用水需要，满足给水设施对水质、水量、水压的要求。

1. 风景区用水的分类

通常在对风景区进行用水量预测的时候，根据用水目的不同，以及用水对象对水质、水量和水压的不同要求，将风景区用水分为以下几类。

(1) 生活用水

指风景区内的居民日常生活用水及宾馆、饭店、休闲娱乐活动场所、商业零售场所等旅游服务设施用水和风景区配套行政办公场所等的用水。

(2) 市政用水

主要指风景区内道路保洁、绿化浇水、车辆冲洗、景观小品用水等。

(3) 消防用水

指扑灭火灾时所需的用水，一般供应室内、外消火栓给水系统、自动喷淋灭火系统等。

2. 风景区用水量预测

风景区用水量预测是指采用一定的理论和方法，有条件地预测风景区将来某一阶段的可能用水量。通常采用用水量指标及用水单位数量来进行测算。

风景区内供水标准，应在表 12-2 中选用，并以下限标准为主。

道路浇洒用水按照浇洒面积以 2～3L/(m^2 · d) 计算，绿化浇洒用水按照浇洒面积以 1～3L/(m^2 · d) 计算。

根据《室外给水设施设计规范》GB 50013—2006，消防用水量、水压及延续时间等按照规划现行标准《建筑设计防火规范》GB 50016—2006 执行。

风景区的水量预测即以上各类用水量预测之和。

3. 给水水源规划

城市附近风景区水源的选择尽量选择与城市共享，从而降低取水及供水的成本。远离城市的风景区只能独立选择供水水源。

供水水源分为地下水源和地表水源。地下水指埋藏在地下孔隙、裂隙、溶洞等含水层介质中储存的水体。地下水具有水质清洁、水温稳定、分布面广、不易受污染的特点，但地下水的矿化度及硬度一般较高。地表水指江河、湖泊、水库等的水体。地表水受外部影响较大，容易受到污染，但是矿化度及硬度较低，径流量一般较大。

当风景区的规模较大，对水量的需求大并且无法从城市共享供水设施时，就必须独立选择供水水源，水源选择宜按照统筹考虑地表水与地下水，优先考虑地表水作为供水水源，地下水源作为备用。目前大多数风景区在做总体规划时都提出了风景区内游览、风景区外住宿的理念，并根据这样的理念布置各类旅游服务设施，实际风景区内需要用水的设施并不多。对于这样的情况，风景区内可以分散选择水量充足、水质较好的对周边环境不会造成影响的溪流、泉水等作为水源。通过在旅游服务设施附近设置高位水池进行消毒、沉淀等简易净化方式后，供应服务设施使用。对于条件艰苦、水源水质超过《生活饮水水源水质标准》规划，不宜作为生活饮用水水源，但又必须使用时，需采用深度净化处理技术进行净化，出水水质符合《生活饮用水卫生标准》规划，并取得当地卫生主管部门批准后，供给风景区使用。

无论是地表水还是地下水，水源一旦受到破坏，就很难在短时间能恢复，将长期影响风景区用水的供应。在开发水资源时，要做到保护与利用相结合，保护好水源地。根据《地面水环境质量标准》GB 3838—2002 将水体分为 5 类，地表水作为水源的，必须按照Ⅰ类水体进行保护。

风景区给水工程包括为风景区提供服务的供水厂、输配水管网等设施。

水厂的位置要选在工程地质条件好的地方，并且不受洪水威胁，水厂周边应有较好的环境卫生条件和安全防护条件，同时尽量选择在交通便利、靠近电源的地方。水厂尽可能选择在比用水设施海拔高的地方，以节约输配水的成本。

由于风景区内的水厂的规模一般较小，水厂净水工艺在满足出水水质符合《生活饮用水卫生标准》GB 5749—2006 要求的基础上，尽量简短，以降低成本。一般净水工艺流程如下：

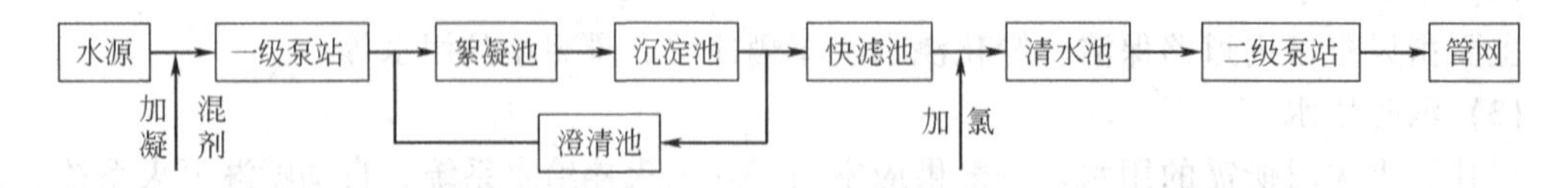

如遇到特殊水源，如轻微污染或原水含铁、锰或氟时，需进行特殊处理。

供水厂的设计规模按照风景区的预测最大用水量确定，水厂用地指标根据《室外给水技术经济指标》和《城市给水工程规划规范》确定，可以参考表 12-8、表 12-9 指标。

表 12-8　水厂用地指标

水厂设计规模/(m^3/d)	每(立方米/天)水量用地指标(平方米)	
	地表水沉淀净化处理工艺综合指标	地表水过滤净化处理工艺综合指标
10万以上	0.2～0.3	0.2～0.4
2万～10万	0.3～0.7	0.4～0.8
1万～2万	0.7～1.2	0.8～1.4
0.5万～1万		1.4～2.0
0.5万以下		1.7～2.5

风景区内的供水管网力求简短。在风景区主要供水区采用环状管网，以提高供水的安全性，在分散的地区或用水量不大而且用水保证率要求不高的地区可以采用枝状网。

表 12-9　地下水除铁处理净水厂用地指标

水厂设计规模/(m^3/d)	每(立方米/天)水量用地指标(平方米)
2万～6万	0.3～0.4
1万～2万	0.3～0.4
0.5万～1万	0.4～0.7
1千～5千	2.0～2.5
小于1千	2.5～3.5

二、排水工程规划

风景区内除了要有供水系统外，还必须有良好的排水系统，否则将造成风景区的环境污染。

风景区内的排水按照来源和性质可以分为两类：生活污水及降水。生活污水指风景区内的居民日常生活及宾馆、饭店、商业娱乐场所、办公场所等产生的废水，这样的污水含有较多的有机物和病原微生物等，需经过处理后才能排入自然水体、浇灌植物或者再利用。降水指地面径流的雨水和冰雪融化水，这类水比较干净，一般收集后就可以直接排放到自然水体中或者进行利用。

对生活污水、降水采用不同的排除方式所形成的排水系统，称为排水体制，一般的排水体质分为雨污合流制和雨污分流制。合理选择排水体制关系到排水系统是否实用，是否能满足环境保护的要求，也关系到排水工程的运营费用。

由于风景区对环境保护的要求一般较高，风景区内的排水体制通常使用雨污分流制。雨水通过风景区内的雨水管道或沟渠排放到附近自然水体。污水则经过污水管道的收集，运送到污水处理系统中进行处理，待处理达标后，直接排入自然水体或者重复利用。

风景区内的污水量预测是风景区内污水处理设施规模的依据。由于风景区内一般采用雨水污水分流体制，故风景区内需处理的污水都是生活污水，污水量预测也只需预测生活污水量。由于风景区内环境保护要求较高，排水设施的完善程度也较高，所以风景区内的污水排放系数比城市稍高，可以取0.85～0.9，即生活污水量一般按照用水量的85%～90%计。

风景区内污水管道系统布置要求简短。在保证干管能介入的前提下尽量使整个地区的管道埋设最浅。污水管道一般沿道路布置，污水输送尽量利用重力自流，途中不设或少设提升泵站。管道线路尽量减少与河流、山谷及各种地下构筑物交叉，并充分考虑地质条件的影响。管线布置要考虑风景区的分期建设安排。

污水中通常含有大量的有毒、有害物质，如不加以处理，任其自由排放到自然水体中，会对环境造成污染。所以风景区的污水必须经过污水处理设施处理达标后方能排放。

对于距离城市较近的风景区，可以同周边城市共享污水处理设施，这样能大大降低风景区污水处理的成本。而对于远离城市的风景区来说，只能独立设置污水处理设施。由于风景区内的污水一般依靠重力自流收集、输送，所以污水处理设施一般位于风景区内地势较低的地方，并考虑与风景区主要景点有一定宽度的隔离带，地质条件较好，交通便利，水电供应条件等因素。根据不同的污水水质、排放要求等因素来确定污水处理的方案，一般分为三级，分级情况见表 12-10。

表 12-10　污水处理分级表

处理级别	污染物质	处理方式	
一级处理	悬浮或胶状固体、悬浮油类、酸、碱	栅格、沉淀、混凝、浮选、中和	
二级处理	溶解性可降解有机物	生物处理	焚烧
三级处理	不可降解有机物	活性炭吸附	
	溶解性无机物	离子交换、电渗析、超滤、反渗透、化学法、臭氧氧化法	

污水处理级别按处理工艺流程划分如下：一级处理工艺流程，主要为泵房、沉砂、沉淀及污泥浓缩、干化处理等。二级处理工艺流程（一），主要为泵房、沉砂、初次沉淀、曝气、二次沉淀及污泥浓缩、干化处理等。二级处理工艺流程（二），主要为泵房、沉砂、初次沉淀、曝气、二次沉淀、消毒及污泥提升、浓缩、消化、脱水及沼气利用等。根据不同的污水处理量级处理方式，污水处理厂的用地面积有所不同，具体面积可参考表 12-11 确定。

表 12-11　风景区污水处理厂规划用地指标表

建设规模/(万立方米/天)	用地指标/[$m^2/(m^3/d)$]		
	一级污水处理工艺	二级污水处理工艺(一)	二级污水处理工艺(二)
10～20	0.4～0.6	0.6～0.9	0.8～1.2
5～10	0.5～0.8	0.8～1.2	1.0～2.5
2～5	0.6～1.0	1.0～1.5	2.5～4.0
1～2	0.6～1.4	1.0～2.0	4.0～6.0

风景区内的排水除了污水外还有雨水，雨水排放规划比较简单，根据当地的暴雨强度公式，确定雨水排水区域，进行雨水管渠的定线等工作。

在设计雨水管渠时，假定降雨在汇水面积上均匀分布，并选择降雨强度最大的雨作为设计根据，根据当地多年的雨量记录，可以推算出暴雨强度的公式。按照规范，暴雨强度公式一般采用下列形式：

$$q=\frac{107A_1(1+c\lg P)}{(t+b)^n}$$

式中　q——降雨量，$L/s\times10^4m^2$；

P——重现期，年；

t——降雨历时，min；

A_1, c, b, n——地方参数，由设计方法确定。

风景区内的雨水管渠力求简短，依靠重力自流，将雨水排入附近的自然水体中。管道的埋设应参照《室外排水设计规范》。

案例分析　云南建水风景名胜区给排水工程规划

1. 给排水工程现状

建水县城的给排水系统较完整，而南部地区的给排水系统却比较差。全县从 2003 年 7 月开始已停止抽取地下水，改为使用地表水。建水县于 2004 年 9 月出台了《建水县整顿和规范使用机械提取城区地下水行为实施方案建议》的通知和《建水县人民政府整顿和规范使用机械提取城区地下水行为的公告》，对部分仍在使用机械抽取地下水的水井进行了整顿和规范治理。

建水现有水厂青云水厂，位于县城城北苏家坡，占地 55 亩[1]，规模为 2×10^4t/d，水源为位于甸尾的跃进水库，为重力供水方式，输水管径为 DN800，日供水量为 1.5t/d，其中生产用水 0.3t/d，生活用水 1.2t/d，可保证 7 万人用水。团山村无自来水供给，现状主要用水以村落周边的水井为供水水源，团山村落西部有一高位水池容量约 $50m^3$，但无供水管网。燕子洞用水均由地壳岩深井泵送山顶高位蓄水池（容量 $300m^3$），由蓄水池供给各用水点，供水方式重力，基岩深井产水量 $1200m^3/d$，输水管径 DN50。黄草坝村无自来水，用水主要以附近箐沟出水输至村内水池集中供水。云龙山和颜洞均没有给水设施。

建水县工业废水排放单位主要有三家，即建水糖厂、红塔兰鹰纸业公司和建水群星化工有限公司，2006 年排放总量为 791582t，全部实现达标排放，达到一级排放标准，治理率 100%，达标率 100%。燕子洞现有污水汇入三级化粪池降解，经水泥预制管（DN400-DN500）及石砌暗沟排入泸江河；雨水则由各集水井经水泥预制管道（DN 400-DN500）及石砌暗沟排入泸江河。而团山村、黄草坝村、云龙山和颜洞均没有排水系统。

2. 水量预测

(1) 给水量预测

规划将建水国家级风景名胜区划分为 4 个景区，用水量按每个景区的游人数和床位数计算。详见表 12-12。

表 12-12　建水国家级风景名胜区用水量预测表

景区名称	游人用水量			旅馆用水量			用水量/(m^3/d)
	游人数/人	用水标准/[升/(人·日)]	用水量/(m^3/d)	床位数/床	用水标准/[升/(人·日)]	用水量/(m^3/d)	
临安——团山历史文化景区	7500	30	225	5000	200	1000	1225
燕子洞——颜洞岩溶景区	6000	30	180	500	200	100	280
黄草坝哈尼风情景区	2250	30	68	900	200	180	248
云龙山宗教文化景区	2250	30	68	350	200	70	138
合　计	18000	—	541	6750	—	1350	1891

(2) 污水量预测

污水量按总用水量的 80%计算，则 4 个景区的总污水量为 $1514m^3/d$，其中：临安——团山历史文化景区污水量为 $980m^3/d$，燕子洞——颜洞岩溶景区污水量为 $224m^3/d$，黄草

[1] 1 亩=666.67 平方米。

坝哈尼风情景区污水量为 199m^3/d，云龙山宗教文化景区污水量为 111m^3/d。

3. 给排水工程规划

规划分区配套建设的景区供水设施和排水截污设施，力争污水处理率达 100%。其中临安古城由青云水厂供水，新建污水处理厂；团山、燕子洞、颜洞、黄草坝、云龙山均新建水厂和污水处理厂以及配套建设给排水管网。

云南建水风景名胜区现状分析图，居民点社会调控规划图、基础设施规划图见彩图 12-1、图 12-2。

附：我国森林风景简介

一、中国植被的水平分布和垂直分布

我国最北部的大兴安岭，气候寒冷，出现落叶针叶林带；华北丘陵山地，形成冬春旱季显著的湿润区，出现不含山毛榉（喜湿）的旱性落叶阔叶林（各种落叶栎林）；而长江以南亚热带和热带地区，气候温暖而湿润，出现世界上特有的亚热带常绿阔叶林、针叶林和竹林；热带与东南亚相连，有季雨林、季节性雨林和小片雨林出现。

我国是一个多山的国家，在各个气候——植被区域都有不同高度的山地存在。山地植被显著的特征是随海拔高度的上升而更替着不同的植被带，这就是植被分布的"垂直地带性"。某一山地植被的垂直分布特征，从属于当地植被的水平分布特征。

二、我国风景名胜区的森林景观

1. 温带针阔叶混交林区域

这个区域属温带北部针阔混交林亚地带，小兴安岭、完达山地、红松针阔叶混交林区。主要山脉包括小兴安岭、完达山、张广才岭、老爷岭等。地带性植被为红松阔叶林，其主要特征是：以红松为主，伴生多种温性阔叶树种，如水曲柳、黄蘗、核桃楸等，还混有天女木兰、瑞香、北五味子、山葡萄、狗枣猕猴桃等典型南方种类和鱼鳞云杉、红皮云杉、臭冷杉等寒温性针叶树种。因此，使这类温性针阔混交林既有亚热带景色，又有寒温带植物种类。分布于这个区域的风景名胜区主要有镜泊湖、五大连池风景区。

2. 暖温带落叶阔叶林区域

本区的森林植物建群种以松科的松属和壳斗科的栎属的种类为主。要求水湿条件较高的赤松林只分布在东部沿海各省。耐干旱的油松林分布于整个华北山地、丘陵上，华山松林只分布于西部各省，而白皮松则多零星存在，侧柏广泛分布于各处，在山区还可见到云杉属、冷杉属与落叶松属的树种组成的群落。栎属树种在分布上东部与西部不同，近海处以蒙古栎、麻栎占优势，离海较远则以辽东栎和栓皮栎为主，锐齿槲栎多见于南部各省海拔较高处。

分布于这个区域的风景名胜区有承德避暑山庄、千山、北戴河、八达岭—十三岭、五台山、恒山、崂山、泰山、嵩山、华山、骊山、洛阳龙门、麦积山等。

3. 亚热带常绿阔叶林区域

本植物区域是我国面积最大的一个植被区域，约占全国总面积的1/4，植被中的植物种类和群落类型也非常丰富，根据植被所反映的生境热量差异，按纬度划分出北、中、南三个地带，即北亚热带常绿、落叶阔叶混交林地带，中亚热带常绿阔叶林地带，南亚热带季风常绿阔叶林地带。大多数风景名胜区位于这个植被区域中。

(1) 北亚热带常绿、落叶阔叶混交林地带

本地带西部多山岳，东部多湖泊、河流，由于地形复杂，造成气候和土壤条件的多样性，从而出现植被的多样性。本带气候温暖湿润，处于暖温带与亚热带之间的过渡地区，因而植物区系组成成分比较丰富，兼有我国南北植物种类成分。另外，还有地质时期的第三纪残余植物，如连香树、鹅掌楸、水青树、水杉及野核桃等分布，反映出本地带植物的古老性。本带西部多崇山峻岭，植物种类比东部丘陵地区丰富得多。典型地带性植被类型为常绿、落叶阔叶混交林，反映出本地带是落叶阔叶林与常绿阔叶林之间的过渡地带。组成种类以壳斗科的落叶和常绿树种为基本建群种。由于人类经济活动的影响，植被次生性质强，因为常绿阔叶树萌蘖再生力和更新力均较差，残存较少，而落叶阔叶树往往占优势地位，因

此，外貌近似落叶阔叶林。落叶阔叶树以壳斗种麻栎、栓皮栎占优势，常绿树中以壳斗种苦槠青冈为主，还有其他常见的一些落叶、常绿阔叶树种。分布于这个地带的风景名胜区主要有南京钟山、天柱山、鸡公山、九寨沟、武当山等。

(2) 中亚热带常绿阔叶林地带

本地带是我国亚热带常绿阔叶林区域中最大的一个地带。本地带的地带性植被是常绿阔叶林，组成林木层的优势树种主要是壳斗科的青冈属、栲属、石栎属，茶种的木荷属，樟种润楠属、楠木属、樟属。此外群落中还混有北亚热带所未见的杜英属、猴欢喜属、含笑属、木莲属、山矾属、交让木属的常绿树种。海拔 1000～1500m 山地上则出现中山常绿、落叶阔叶混交林，组成树种为耐寒常绿栎类。如甜槠、曼青冈、包石栎等以及落叶的水青冈属、槭属、椴树属、桦木属、鹅耳枥属等。石灰岩地区分布着另一类常绿、落叶阔叶混交林，常绿树种主要是青冈，落叶树为榆属、朴属、黄连木属、鹅耳枥属等。马尾松在海拔 700～800m 以下的丘陵山地随处可见，林下灌木为檵木、映山红、乌饭树等，此外杉木林、毛竹林分布也很广泛。

分布在这个地带的风景区：九华山、黄山、杭州西湖、新安江、太湖风景名胜区属浙、皖山丘，青冈、苦槠林栽培植被区；普陀山、雁荡山、武夷山风景名胜区属浙、闽山丘、甜槠、木荷林区；武汉东湖风景区属两湖平原，栽培植被、水生植被区；庐山、衡山、井冈山风景名胜区属湘、赣丘陵，栽培植被、青冈、栲类林区；长江三峡属三峡，武陵山地，栲类、润楠林区；青城山—都江堰、缙云山、蜀道、峨眉山风景名胜区属四川盆地，栽培植被、润楠、青冈林区；黄果树风景区属贵州山原，栲类、青冈林、石灰岩植被区；大理、石林风景区属滇中高原盆谷，滇青冈、栲类、云南松林区。

(3) 南亚热带季风常绿阔叶林地带

本地带是我国亚热带常绿阔叶林东部亚区域最南地区，植被类型及生境条件的热带性质均较强，是亚热带向热带过渡地带，植被的季相变化较中亚热带突出。地带性植被是偏湿性的季风常绿阔叶林。植被组成种类成分以华南植物的成分为特征，兼有马来西亚区系成分和华中—日本区系成分。优势种类以壳斗科和樟科的热带性属、种以及金缕梅科、山茶科的种类为主。本地带内壳斗科主要为刺栲、华栲、华南栲、甜槠等，这是和西部亚区域的南亚热带季风常绿阔叶林区别之处。樟科的重要属是厚壳桂属、润楠属和姜子属等。

现状植被中马尾松林最普遍，林中混有刺栲、华栲、华南栲、木荷等，林下有映山红、化香、羊踯躅等，这是本地带马尾松林与中亚热带马尾松林区别之点。

分布于这个地带的风景区主要有肇庆星湖、桂林漓江。

4. 热带雨林、季雨林区域

此区域分布着与东南亚和印、缅热带雨林在结构、组成上比较相似的热带季节性雨林和季雨林，也是热带雨林中的北缘类型，成为我国陆地上生物物种最丰富、生物生产力最高的基因库。植物区系以印度—缅甸的成分为主，并有喜马拉雅区系的植物组成。植被区划属热带季雨林、雨林区域，北热带季雨林、半常绿季雨林地带，西双版纳间山盆地，季节雨林、季雨林区。地带性植被为季节性雨林和季雨林，海拔 1000m 以上为山地雨林及山地常绿阔叶林的各种类型。山地植被垂直带谱明显。分区在这个区域的风景区有西双版纳风景名胜区。

5. 温带荒漠区域

分布于这个区域的风景名胜区有新疆天池风景名胜区。新疆天池风景区位于博格达峰西北的半山腰上，海拔高 1910m，属温带半灌木、小乔木荒漠地带，天山北坡山地寒温性针叶林草原区。在典型的荒漠地区，却有一个面积达 $3km^2$ 水源充足的高山源泊，可以领略这美丽的湖光山色。山地植被随海拔高度增加，气候和土壤类型的变化，相应造成山地植被垂直带谱的变化。

[附录一]
全国重点风景名胜区名单

截至2017年3月共244处。

省、市、自治区	国家级风景名胜区	批次
北京	八达岭-十三陵风景名胜区	一
	石花洞风景名胜区	四
天津	盘山风景名胜区	三
河北	承德避暑山庄外八庙风景名胜区	一
	秦皇岛北戴河风景名胜区	一
	野三坡风景名胜区	二
	苍岩山风景名胜区	二
	嶂石岩风景名胜区	三
	西柏坡-天桂山风景名胜区	四
	崆山白云洞风景名胜区	四
	太行大峡谷风景名胜区	八
	响堂山风景名胜区	八
	娲皇宫风景名胜区	八
山西	五台山风景名胜区	一
	恒山风景名胜区	一
	黄河壶口瀑布风景名胜区	二
	北武当山风景名胜区	三
	五老峰风景名胜区	三
	碛口风景名胜区	八
内蒙古自治区	扎兰屯风景名胜区	四
	额尔古纳风景名胜区	九
辽宁	鞍山千山风景名胜区	一
	鸭绿江风景名胜区	二
	金石滩风景名胜区	二
	兴城海滨风景名胜区	二
	大连海滨-旅顺口风景名胜区	二
	凤凰山风景名胜区	三
	本溪水洞风景名胜区	三
	青山沟风景名胜区	四
	医巫闾山风景名胜区	四
吉林	松花湖风景名胜区	二
	八大部-净月潭风景名胜区	二
	仙景台风景名胜区	四
	防川风景名胜区	四
黑龙江	镜泊湖风景名胜区	一
	五大连池风景名胜区	一
	太阳岛风景名胜区	七
	大沾河风景名胜区	九
江苏	太湖风景名胜区	一
	南京钟山风景名胜区	一
	云台山风景名胜区	二
	蜀岗瘦西湖风景名胜区	二
	三山风景名胜区	五
浙江	杭州西湖风景名胜区	一
	富春江-新安江风景名胜区	一
	雁荡山风景名胜区	一
	普陀山风景名胜区	一
	天台山风景名胜区	二
	嵊泗列岛风景名胜区	二
	楠溪江风景名胜区	二
	莫干山风景名胜区	三
	雪窦山风景名胜区	三
	双龙风景名胜区	三
	仙都风景名胜区	三
	江郎山风景名胜区	四
	仙居风景名胜区	四
	浣江-五泄风景名胜区	四
	方岩风景名胜区	五

续表

省、市、自治区	国家级风景名胜区	批次	省、市、自治区	国家级风景名胜区	批次
	百丈漈-飞云湖风景名胜区	五	江西	庐山风景名胜区	一
	方山-长屿硐天风景名胜区	六		井冈山风景名胜区	一
	天姥山风景名胜区	七		三清山风景名胜区	二
	大红岩风景名胜区	八		龙虎山风景名胜区	二
	大盘山风景名胜区	九		仙女湖风景名胜区	四
	桃渚风景名胜区	九		三百山风景名胜区	四
	仙华山风景名胜区	九		梅岭-滕王阁风景名胜区	五
安徽	黄山风景名胜区	一		龟峰风景名胜区	五
	九华山风景名胜区	一		高岭-瑶里风景名胜区	六
	天柱山风景名胜区	一		武功山风景名胜区	六
	琅琊山风景名胜区	二		云居山-柘林湖风景名胜区	六
	齐云山风景名胜区	三		灵山风景名胜区	七
	采石风景名胜区	四		神农源风景名胜区	八
	巢湖风景名胜区	四		大茅山风景名胜区	八
	花山谜窟-渐江风景名胜区	四		瑞金风景名胜区	九
	太极洞风景名胜区	五		小武当风景名胜区	九
	花亭湖风景名胜区	六		杨岐山风景名胜区	九
	龙川风景名胜区	九		汉仙岩风景名胜区	九
	齐山-平天湖风景名胜区	九	山东	泰山风景名胜区	一
福建	武夷山风景名胜区	一		青岛崂山风景名胜区	一
	清源山风景名胜区	二		胶东半岛海滨风景名胜区	二
	鼓浪屿-万石山风景名胜区	二		博山风景名胜区	四
	太姥山风景名胜区	二		青州风景名胜区	四
	桃源洞-鳞隐石林风景名胜区	三		千佛山风景名胜区	九
	泰宁风景名胜区	三	河南	鸡公山风景名胜区	一
	鸳鸯溪风景名胜区	三		洛阳龙门风景名胜区	一
	海坛风景名胜区	三		嵩山风景名胜区	一
	冠豸山风景名胜区	三		王屋山-云台山风景名胜区	三
	鼓山风景名胜区	四		石人山风景名胜区	四
	玉华洞风景名胜区	四		林虑山风景名胜区	五
	十八重溪风景名胜区	五		青天河风景名胜区	六
	青云山风景名胜区	五		神农山风景名胜区	六
	佛子山风景名胜区	七		桐柏山-淮源风景名胜区	七
	宝山风景名胜区	七		郑州黄河风景名胜区	七
	福安白云山风景名胜区	七	湖北	武汉东湖风景名胜区	一
	灵通山风景名胜区	八		武当山风景名胜区	一
	湄洲岛风景名胜区	八		长江三峡风景名胜区	一
	九龙漈风景名胜区	九		大洪山风景名胜区	二

续表

省、市、自治区	国家级风景名胜区	批次	省、市、自治区	国家级风景名胜区	批次
	隆中风景名胜区	三		花山风景名胜区	二
	九宫山风景名胜区	三	海南	三亚热带海滨风景名胜区	三
	陆水风景名胜区	四	重庆	长江三峡风景名胜区	一
	丹江口水库风景名胜区	九		重庆缙云山风景名胜区	一
湖南	衡山风景名胜区	一		金佛山风景名胜区	二
	武陵源风景名胜区	二		四面山风景名胜区	三
	岳阳楼洞庭湖风景名胜区	二		芙蓉江风景名胜区	四
	福寿山-汨罗江风景名胜区①			天坑地缝风景名胜区	五
	韶山风景名胜区	三		潭獐峡风景名胜区	八
	岳麓山风景名胜区	四	四川	峨眉山风景名胜区	一
	崀山风景名胜区	四		黄龙寺-九寨沟风景名胜区	一
	猛洞河风景名胜区	五		青城山-都江堰风景名胜区	一
	桃花源风景名胜区	五		剑门蜀道风景名胜区	一
	紫鹊界梯田-梅山龙宫风景名胜区	六		贡嘎山风景名胜区	二
	德夯风景名胜区	六		蜀南竹海风景名胜区	二
	苏仙岭-万华岩风景名胜区	七		西岭雪山风景名胜区	三
	南山风景名胜区	七		四姑娘山风景名胜区	三
	万佛山-侗寨风景名胜区	七		石海洞乡风景名胜区	四
	虎形山-花瑶风景名胜区	七		邛海-螺髻山风景名胜区	四
	东江湖风景名胜区	七		白龙湖风景名胜区	五
	凤凰风景名胜区	八		光雾山-诺水河风景名胜区	五
	沩山风景名胜区	八		天台山风景名胜区	五
	炎帝陵风景名胜区	八		龙门山风景名胜区	五
	白水洞风景名胜区	八		米仓山大峡谷风景名胜区	九
	九嶷山-舜帝陵风景名胜区	九	贵州	黄果树风景名胜区	一
	里耶-乌龙山风景名胜区	九		织金洞风景名胜区	二
广东	肇庆星湖风景名胜区	一		㵲阳河风景名胜区	二
	西樵山风景名胜区	二		红枫湖风景名胜区	二
	丹霞山风景名胜区	二		龙宫风景名胜区	二
	白云山风景名胜区	四		荔波樟江风景名胜区	三
	惠州西湖风景名胜区	四		赤水风景名胜区	三
	罗浮山风景名胜区	五		马岭河峡谷风景名胜区	三
	湖光岩风景名胜区	五		都匀斗篷山-剑江风景名胜区	五
	梧桐山风景名胜区	七		九洞天风景名胜区	五
广西壮族自治区	桂林漓江风景名胜区	一		九龙洞风景名胜区	五
	桂平西山风景名胜区	二		黎平侗乡风景名胜区	五

续表

省、市、自治区	国家级风景名胜区	批次	省、市、自治区	国家级风景名胜区	批次
	紫云格凸河穿洞风景名胜区	六		土林-古格风景名胜区	八
	平塘风景名胜区	七	陕西	华山风景名胜区	一
	榕江苗山侗水风景名胜区	七		临潼骊山风景名胜区	一
	石阡温泉群风景名胜区	七		黄河壶口瀑布风景名胜区	二
	沿河乌江山峡风景名胜区	七		宝鸡天台山风景名胜区	三
	瓮安江界河风景名胜区	七		黄帝陵风景名胜区	四
云南	路南石林风景名胜区	一		合阳洽川风景名胜区	五
	大理风景名胜区	一	甘肃	麦积山风景名胜区	一
	西双版纳风景名胜区	一		崆峒山风景名胜区	三
	三江并流风景名胜区	二		鸣沙山-月牙泉风景名胜区	三
	昆明滇池风景名胜区	二		关山莲花台风景名胜区	九
	丽江玉龙雪山风景名胜区	二	青海	青海湖风景名胜区	三
	腾冲地热火山风景名胜区	三	宁夏回族自治区	西夏王陵风景名胜区	二
	瑞丽江-大盈江国家级风景名胜区	三		须弥山石窟风景名胜区	八
	九乡风景名胜区	三	新疆维吾尔族自治区	天山天池风景名胜区	一
	建水风景名胜区	三			
	普者黑风景名胜区	五		库木塔格沙漠风景名胜区	四
	阿庐风景名胜区	五		博斯腾湖风景名胜区	四
西藏自治区	雅砻河风景名胜区	二		赛里木湖风景名胜区	五
	纳木措-念青唐古拉山风景名胜区	七		罗布人村寨风景名胜区	八
	唐古拉山-怒江源风景名胜区	七		托木尔大峡谷风景名胜区	九

① 仅作对外宣传和单独编制、报批“总体规划”之用，不计入全国统计数据。见：建城函〔2006〕109 号文。

[附录二] 中国的世界遗产项目

截至2021年7月，中国共有56项世界遗产，包括世界文化遗产38项，世界自然遗产14项，世界文化和自然双重遗产4项，含跨国项目1项。

项目名称	所在地址、说明
1. 世界文化遗产 38项	
长城	辽宁、吉林、河北、北京、天津、山西、内蒙古、陕西、宁夏、甘肃、新疆、山东、河南、湖北、湖南、四川、青海等，1987年被列入世界文化遗产名录
北京和沈阳的明清皇家宫殿	北京故宫，位于北京，1987年被列入世界文化遗产名录；沈阳故宫，位于辽宁，2004年被列入世界文化遗产名录
莫高窟	甘肃敦煌鸣沙山东麓，1987年被列入世界文化遗产名录
秦始皇陵及兵马俑坑	陕西西安，1987年被列入世界文化遗产名录
周口店北京猿人遗址	北京房山，1987年被列入世界文化遗产名录
承德避暑山庄及周边庙宇	河北承德，1994年被列入世界文化遗产名录
曲阜孔庙、孔林及孔府	山东曲阜，1994年被列入世界文化遗产名录
武当山古建筑群	湖北丹江口，1994年被列入世界文化遗产名录
拉萨布达拉宫历史建筑群	西藏拉萨，1994年、2000年、2001年被列入世界文化遗产名录
庐山国家公园	江西九江，1996年被列入世界文化遗产名录
丽江古城	云南丽江，1997年被列入世界文化遗产名录
平遥古城	山西平遥，1997年被列入世界文化遗产名录
苏州古典园林	江苏苏州，1997年、2000年被列入世界文化遗产名录
颐和园：北京皇家园林	北京，1998年被列入世界文化遗产名录
天坛：北京皇家祭坛	北京，1998年被列入世界文化遗产名录
大足石刻	重庆大足，1999年被列入世界文化遗产名录
青城山与都江堰	四川都江堰，2000年被列入世界文化遗产名录
皖南古村落——西递、宏村	安徽黄山黟县，2000年被列入世界文化遗产名录
龙门石窟	安徽黄山黟县，2000年被列入世界文化遗产名录
明清皇家陵寝	明显陵（湖北钟祥）、清东陵（河北遵化）、清西陵（河北易县），2000年被列入世界文化遗产名录；明孝陵（江苏南京）、明十三陵（北京昌平），2003年被列入世界文化遗产名录；清福陵和清昭陵（辽宁沈阳）、清永陵（辽宁新宾），2004年被列入世界文化遗产名录
云冈石窟	山西大同，2001年被列入世界文化遗产名录
高句丽王城、王陵及贵族墓葬	辽宁桓仁、吉林集安，2004年被列入世界文化遗产名录
澳门历史城区	澳门特别行政区，2005年被列入世界文化遗产名录
殷墟	河南安阳，2006年被列入世界文化遗产名录
开平碉楼与村落	广东江门开平，2007年被列入世界文化遗产名录
福建土楼	福建龙岩、漳州，2008年被列入世界文化遗产名录
五台山	山西五台，2009年被列入世界文化遗产名录
天地之中历史建筑群	河南登封，2010年被列入世界文化遗产名录

续表

项目名称	所在地址、说明
杭州西湖文化景观	浙江杭州，2011年被列入世界文化遗产名录
元上都遗址	内蒙古正蓝旗，2012年被列入世界文化遗产名录
红河哈尼梯田文化景观	云南元阳，2013年被列入世界文化遗产名录
丝绸之路：长安—天山廊道的路网	陕西、河南、甘肃、新疆，2014年被列入世界文化遗产名录另有哈萨克斯坦、吉尔吉斯斯坦两国参与申报，成为首例跨国合作、成功申遗的项目
大运河	北京、天津、河北、山东、江苏、浙江、河南、安徽，2014年被列入世界文化遗产名录
土司遗址	湖南永顺、湖北咸丰、贵州遵义，2015年被列入世界文化遗产名录
左江花山岩画艺术文化景观	广西崇左，2016年被列入世界文化遗产名录
鼓浪屿，历史国际社区	福建厦门，2017年被列入世界文化遗产名录
良渚古城遗址	浙江杭州，2019年被列入世界文化遗产名录
泉州：宋元中国的世界海洋商贸中心	福建泉州，2021年被列入世界文化遗产名录
2. 世界自然遗产　14项	
四川九寨沟	四川九寨沟，1992年被列入世界自然遗产名录
黄龙风景名胜区	四川松潘，1992年被列入世界自然遗产名录
武陵源风景名胜区	湖南张家界，1992年被列入世界自然遗产名录
云南三江并流保护区	云南丽江、迪庆藏族自治州、怒江傈僳族自治州，2003年被列入世界自然遗产名录
四川大熊猫栖息地	四川卧龙、四姑娘山、夹金山脉，2006年被列入世界自然遗产名录
中国南方喀斯特	云南昆明石林、贵州荔波、重庆武隆，2007年被列入世界自然遗产名录；广西桂林、贵州施秉、重庆金佛山、广西环江，2014年被列入世界自然遗产名录
三清山国家公园	江西上饶，2008年被列入世界自然遗产名录
中国丹霞	广东丹霞山、江西龙虎山、浙江江郎山、贵州赤水、福建泰宁、湖南崀山，2010年被列入世界自然遗产名录
澄江化石遗址	云南澄江，2012年被列入世界自然遗产名录
新疆天山	新疆博格达、巴音布鲁克、托木尔、喀拉峻—库尔德宁等，2013年被列入世界自然遗产名录
湖北神农架	湖北神农架林区，2016年被列入世界自然遗产名录
青海可可西里	青海玉树，2017年被列入世界自然遗产名录
梵净山	贵州铜仁，2018年被列入世界自然遗产名录
中国黄（渤）海候鸟栖息地（第一期）	江苏盐城，2019年被列入世界自然遗产名录
3. 世界文化和自然双重遗产	
泰山	山东泰安，1987年，泰山被联合国教科文组织批准列为中国第一个世界文化与自然双重遗产
黄山	安徽黄山，1990年被列入世界文化与自然双重遗产名录
峨眉山-乐山大佛	四川乐山、峨眉山，1996年被列入世界文化与自然双重遗产名录
武夷山	福建武夷山，1999年被列入世界文化与自然双重遗产名录；江西铅（yán）山武夷山，2017年被列入世界文化与自然双重遗产名录
4. 跨国项目一项	
中国跨境的世界遗产——丝绸之路	2014年，第三十八届世界遗产大会批准通过“丝绸之路：起始段和天山廊道的路网”世界遗产名录申遗项目，中国与吉尔吉斯斯坦、哈萨克斯坦两个邻国联合提交的系列跨国文化遗产项目正式被列入世界遗产名录

[附录三] 中国国家级历史文化名城名单

目前中国公布了 142 个国家历史文化名城（备注：括号内数字为入选批次，编号为 a 及以后英文字母的为增补名单。）

省级行政区	城市(批次)
北京	北京(1)
天津	天津(2)
河北	承德(1)、保定(2)、正定(3)、邯郸(3)、山海关区(秦皇岛市)(a)、蔚县(hh)
山西	大同(1)、平遥(2)、新绛(3)、代县(3)、祁县(3)、太原(o)
内蒙古	呼和浩特(2)
辽宁	沈阳(2)、辽阳市(ii)
吉林	吉林(3)、集安(3)、长春(gg)
黑龙江	哈尔滨(3)、齐齐哈尔(y)
上海	上海(2)
江苏	南京(1)、苏州(1)、扬州(1)、镇江(2)、常熟(2)、徐州(2)、淮安区(淮安市)(2)、无锡(j)、南通(k)、宜兴(m)、泰州(t)、常州(z)、高邮(dd)
浙江	杭州(1)、绍兴(1)、宁波(2)、衢州(3)、临海(3)、金华(g)、嘉兴(m)、湖州(x)、温州(cc)、龙泉(ff)
安徽	歙县(2)、寿县(2)、亳州(2)、安庆(d)、绩溪(g)、黟县(kk)、桐城(ll)
福建	泉州(1)、福州(2)、漳州(2)、长汀(3)
江西	景德镇(1)、南昌(2)、赣州(3)、瑞金(aa)、抚州(mm)、九江(nn)
山东	曲阜(1)、济南(2)、青岛(3)、聊城(3)、邹城(3)、临淄区(淄博市)(3)、泰安(e)、蓬莱区(烟台市)(p)、烟台(v)、青州(w)
河南	洛阳(1)、开封(1)、安阳(2)、南阳(2)、“商丘(县)”(主体在今商丘市睢阳区，兼及部分梁园区)(2)、郑州(3)、浚县(3)、濮阳(c)
湖北	“江陵”(主体在今荆州市荆州区)(1)、武汉(2)、襄阳(2)、随州(3)、钟祥(3)
湖南	长沙(1)、岳阳(3)、凤凰(b)、永州(ee)
广东	广州(1)、潮州(2)、肇庆(3)、佛山(3)、梅州(3)、雷州(3)、中山(n)、惠州(bb)
广西	桂林(1)、柳州(3)、北海(l)
海南	琼山区(海口市)(3)、海口(f)
重庆	重庆(2)
四川	成都(1)、阆中(2)、宜宾(2)、自贡(2)、乐山(3)、都江堰(3)、泸州(3)、会理(q)
贵州	遵义(1)、镇远(2)
云南	昆明(1)、大理(1)、丽江(2)、建水(3)、巍山(3)、会泽(u)、通海(jj)、剑川(oo)
西藏	拉萨(1)、日喀则(2)、江孜(3)
陕西	西安(1)、延安(1)、韩城(2)、榆林(2)、咸阳(3)、汉中(3)
甘肃	武威(2)、张掖(2)、敦煌(2)、天水(3)
青海	同仁(3)
宁夏	银川(2)
新疆	喀什(2)、高昌区(吐鲁番市)(h)、特克斯(i)、库车(r)、伊宁(s)

参 考 文 献

[1] 丁季华. 旅游资源学 [M]. 上海：上海三联书店，1999.

[2] 傅文伟. 旅游资源评估与开发 [M]. 杭州：杭州大学出版社，1994.

[3] 肖星，严江平. 旅游资源与开发 [M]. 北京：中国旅游出版社，2000.

[4] 孙文昌. 现代旅游开发学 [M]. 青岛：青岛出版社，1999.

[5] 陈传康，刘振礼. 旅游资源鉴赏与开发 [M]. 上海：同济大学出版社，1989.

[6] 张国强，贾建中. 风景规划——《风景名胜区规划规范》实施手册 [M]. 北京：中国建筑工业出版社，2003.

[7] 周维权. 中国名山风景区 [M]. 北京：清华大学出版社，1996.

[8] 李如生编著. 美国国家公园管理体制 [M]. 北京：中国建筑工业出版社，2005.

[9] (澳) 大卫. 韦弗索著. 杨桂华译，生态旅游 [M]. 天津：南开大学出版社，2004.

[10] 赵光辉. 中国寺庙的园林环境 [M]. 北京：北京旅游出版社，1987.

[11] 洪剑明，冉亚东. 生态旅游规划设计 [M]. 北京：中国林业出版社，2006.

[12] 周维权. 中国名山风景区 [M]. 北京：中国建筑工业出版社.

[13] 吴承照. 现代旅游规划设计原理与方法 [M]. 北京：中国建筑工业出版社，2001.

[14] 李同德. 国家地质公园规划概论 [M]. 北京：中国建筑工业出版社，2007.

[15] 吴承照. 现代城市游憩规划设计理论与方法 [M]. 北京：中国建筑工业出版社，2001.

[16] 刘滨谊. 自然原始景观与旅游规划设计——新疆喀纳斯湖 [M]. 南京：东南大学出版社，2002.

[17] 马勇，舒伯阳. 区域旅游规划——理论. 方法. 案例 [M]. 天津：南开大学出版社，1999.

[18] 唐学山. 园林设计 [M]. 北京：中国林业出版社，1996.

[19] 付军. 风景区规划 [M]. 北京：气象出版社，2004.

[20] 吴人伟. 旅游规划原理 [M]. 北京：旅游教育出版社，1999.

[21] 辛建荣. 旅游区规划与管理 [M]. 天津：南开大学出版社，1999.

[22] 保继刚. 旅游区规划与策划案例 [M]. 广州：广东旅游出版社，2005.

[23] 周忠武. 旅游景区规划研究 [M]. 南京：东南大学出版社，2008.

[24] 李德华. 城市规划原理 [M]. 北京：中国建筑工业出版社，2001.

[25] (英) 曼纽尔. 鲍德—博拉，弗雷德. 劳森. 旅游与游憩规划设计手册 [M]. 唐子颖等译. 北京：中国建筑工业出版社，2004.

[26] 魏民，陈战是等. 风景名胜区规划原理 [M]. 北京：中国建筑工业出版社，2008.

[27] 钟林生等. 生态旅游规划原理与方法 [M]. 北京：化学工业出版社，2003.

[28] 丁文魁. 风景名胜研究 [M]. 上海：同济大学出版社，1988.

[29] 李峥生等. 城市园林绿地规划 [M]. 北京：中国建筑工业出版社，2002.

[30] 戴慎志. 城市工程系统规划 [M]. 北京：中国建筑工业出版社，1999.

[31] 王炳坤. 城市规划中的工程规划（修订版）[M]. 天津：天津大学出版社，2001.

[32] 王维正. 国家公园 [M]. 北京：中国林业出版社，2000.

[33] 保继刚. 旅游开发研究：原理. 方法. 实践 [M]. 北京：科学出版社，1996.

[34] 刘兴昌. 市政工程规划 [M]. 北京：中国建筑工业出版社，2006.

[35] 何芳. 土地利用规划. 上海：百家出版社，1994.

[36] 杜汝俭，李恩山，刘管平，园林建筑设计 [M]. 北京：中国建筑工业出版社，1986.

[37] 刘振礼，王兵. 中国旅游地理学. 天津：南开大学出版社，1996.

[38] 林越英. 旅游环境保护概论. 北京：旅游教育出版社，1999.

[39] 吴必虎. 区域旅游规划原理 [M]. 北京：中国旅游出版社，2001.

[40] 李峥生等. 城市园林绿地规划. 北京：中国建筑工业出版社，2002.

[41] 柳尚华. 美国的国家公园系统极其管理 [J]. 中国园林，1999. 01.

[42] 鲍继峰. 山水环境与风景建筑 [J]. 建筑师，1990，38.

[43] 谢凝高. 国家风景名胜区功能的发展及其保护利用 [J]. 中国园林，2002，04.

[44] 王澄荣. 浅论风景名胜区的建筑 [J]. 中国园林，2000，04.

[45] 许耘红，苏晓毅. 石林长湖风景区植物景观规划 [J]. 林业调查规划，2005，02.

［46］ 汪阳. 风景区的容量规模与效益［J］. 中国园林，1999（增）.
［47］ 李金路. 风景名胜区中的几个关系［J］. 中国园林，2002，02.
［48］ 俞孔坚. 自然风景景观评价方法［J］. 中国园林，1986，03.
［49］ 王莹. 中美风景区管理比较研究［J］. 旅游学刊，1996，06.
［50］ 周年兴等. 风景区的城市化及其对策研究. 城市规划汇刊［J］. 2004，01.
中华人民共和国国家标准. 风景名胜区规划规范［S］. GB 50298—1999.
中华人民共和国国家标准. 城市电力规划规范［S］. GB 5023—1999.
中华人民共和国国家标准. 城市环境卫生设施规划规范［S］. GB 50337—2003.
中华人民共和国国家标准. 城市给水工程规划规范［S］. GB 50282—1998.
中华人民共和国国家标准. 城市排水工程规划规范［S］. GB 50318—2000.

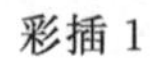

彩插 1

彩插 2

彩插 3

彩插 4